时尚家居

（西）卡雷斯·布洛特 编著
卞秉义 编译

广西师范大学出版社
·桂林·

图书在版编目(CIP)数据

时尚家居/(西)布洛特 编著;卞秉义 译. —桂林:广西师范大学出版社,2014.1
ISBN 978-7-5495-4397-7

Ⅰ. ①时… Ⅱ. ①布… ②卞… Ⅲ. ①住宅-室内装饰设计-图集 Ⅳ. ①TU241-64

中国版本图书馆 CIP 数据核字(2013)第 230302 号

出 品 人:刘广汉
责任编辑:王晨晖
装帧设计:王 姣

广西师范大学出版社出版发行
(广西桂林市中华路 22 号 邮政编码:541001
网址:http://www.bbtpress.com)
出版人:何林夏
全国新华书店经销
销售热线:021-31260822-882/883
上海锦良印刷厂印刷
(上海市普陀区真南路 2548 号 6 号楼 邮政编码:200331)
开本:982mm×1 180mm 1/16
印张:18.75 字数:44 千字
2014 年 1 月第 1 版 2014 年 1 月第 1 次印刷
定价:298.00 元

时尚家居

（西）卡雷斯·布洛特 编著
卞秉义 编译

目 录

前言

设计的创造性依赖于空间及其所提供的可能性。因此，在狭小空间里从事建筑设计通常要面临似乎无法完成的挑战：把一个狭小的空间转变成舒适的住宅，却不会感觉到居住空间的不足。但是，卓越的建筑设计并不一定要靠面积的大小来衡量。

本书的目标是向大家展示那些依靠自身才华在狭小空间中创造出惊人环境的设计师的设计作品。这一任务十分复杂，它并不是通过简单地拆除一些房屋区域、建造夹楼或是合并特定的家具来满足人们对空间的需求。对狭小空间的技巧性使用还有更多的要求：设计师必须充分考虑客户的要求和舒适感，充分适应有限的空间区域，从而创造出具有美感的设计。这些作品向我们展示了设计所具有的想象力，即使是狭小的房屋也可以变成舒适的居所，完全不必考虑房屋原本的用途或位置。

这些设计所涉及的基本上是将大型公寓、乡间小型独栋住宅和带亮丽露台的住宅进行切分后所得到的小公寓。通过规划设计和对每张图纸的建筑工程解释，这些设计得以实现，同时也强烈地印证了一个事实，那就是创造性的设计不必依赖可利用楼层空间的大小。

i29 Interior Architects

07住宅

荷兰，阿姆斯特丹

图片：由 i29室内建筑事务所提供

这座供四人居住的家庭公寓位于荷兰阿姆斯特丹南部的一座宏伟的建筑中。原来的建筑结构包含有雇工房、双厅和长走廊，走廊两侧有很多扇门。经过改造，这里变成了宽敞明亮的住宅，具有良好的光线和空气。抽象的剪花式设计风格赋予了室内一种独一无二的特点。

厨房里设有连接地板和天花板的橱柜，这些橱柜均采用了激光蚀刻的前面板，并喷涂白色漆。这种样式使得敞开和关闭的橱柜形成一种具有动感的混合，而上面的孔洞也具备了把手的功能。物体表面的透视感使得空间纵深感增强，这一感觉又通过诸如Grcic椅子之类的家具加以增强。天井前厅设有开放式的楼梯，将自然光从巨大的屋顶引入起居空间。

沿着开放式楼梯，一面铺设松木板的墙壁将房屋的两层连接了起来。房屋的上层中，主卧室位于一个大型盥洗室的旁边，盥洗室采用了帕特丽夏・乌古拉（Patricia Urquiola）瓷砖、玻璃、木质橱柜进行装饰。作为i29室内建筑设计事务所的设计师，贾斯伯・简森（Jasper Jansen）和杰罗恩・戴雷森（Jeroen Dellensen）致力于通过具有冲击力的影像来创造出充满智慧的设计。凭着对细节的敏锐，设计团队尝试获得事物的核心，使他们的室内设计恰到好处地捕捉到其独特之处，将周围空间的本质展现出来。他们的设计语言简洁明快，打动了许多评委，也使他们获得了数个设计大奖。

建筑设计:
i29室内建筑事务所
承包商:
Smart室内装修公司
室内施工:
Kooijmans室内装修公司
材料:
松木，白色环氧树脂地板
家具:
一号椅，
Magis Constantin Grcic公司 / 回环型站桌，
Hay公司 / GloBall灯具，
Jasper Morrison，Flos / 定制厨房 & 橱柜

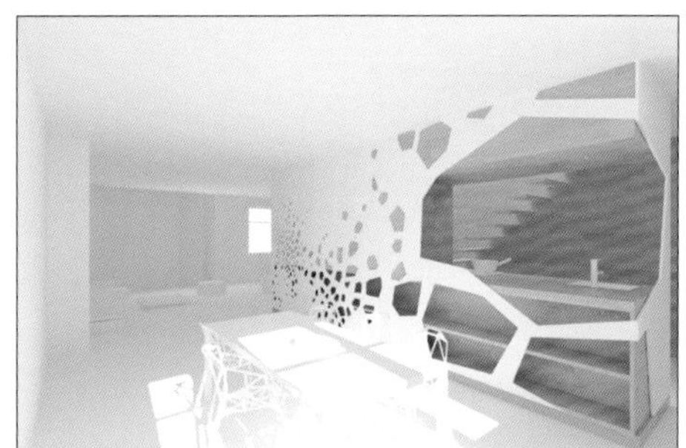
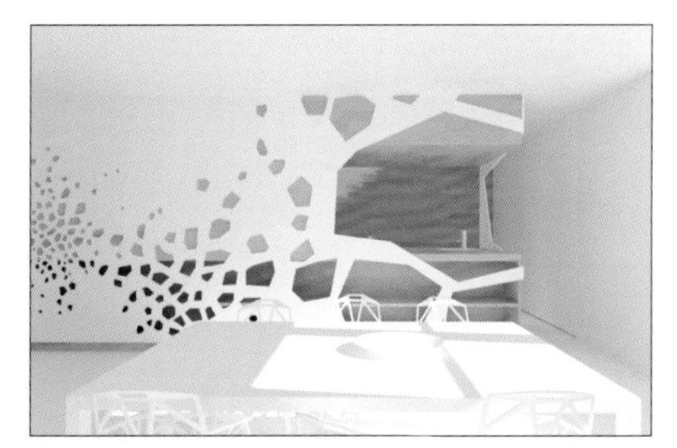
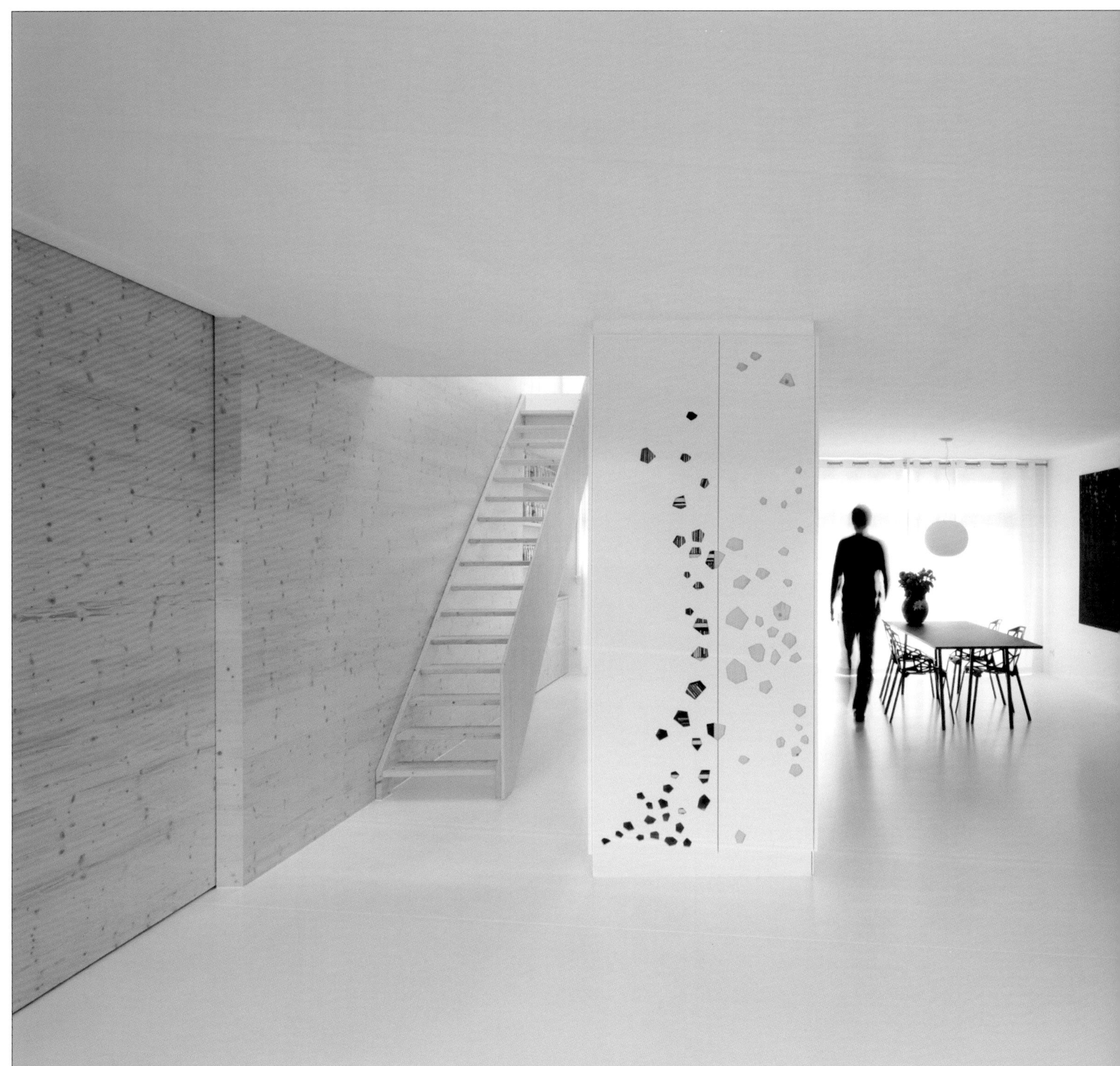

抽象的剪花式设计风格赋予了室内一种独一无二的特点。

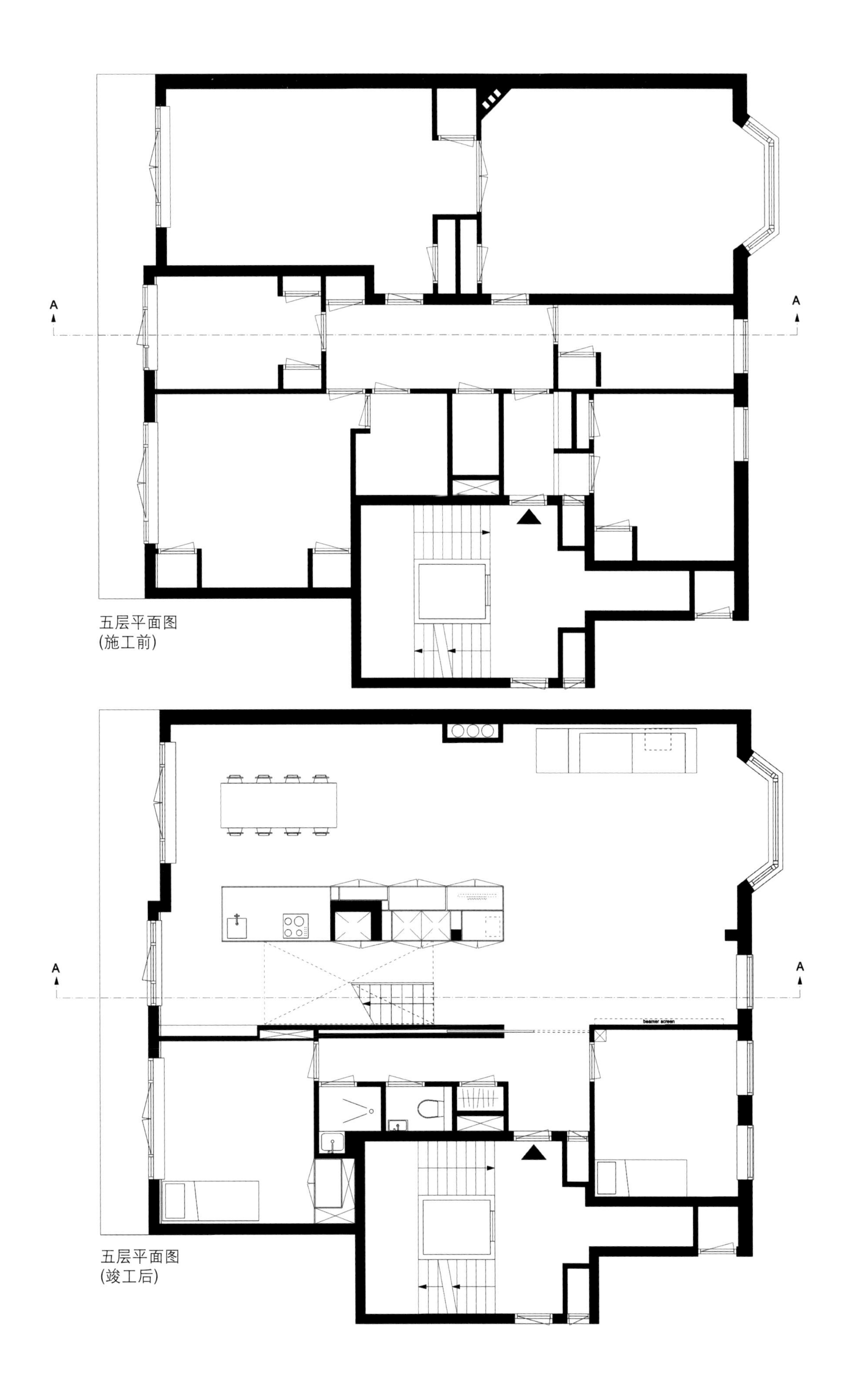

五层平面图
(施工前)

五层平面图
(竣工后)

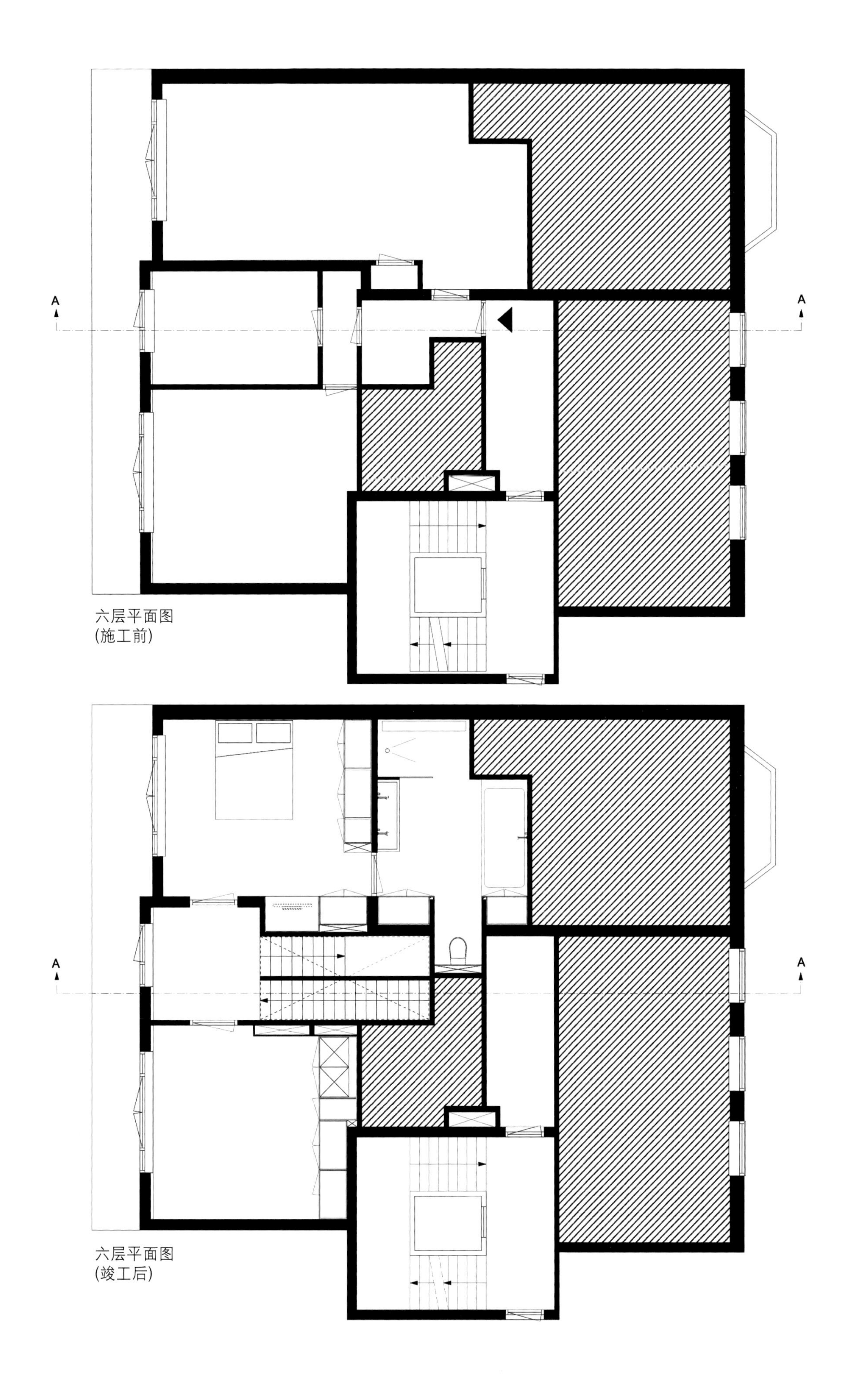

六层平面图
(施工前)

六层平面图
(竣工后)

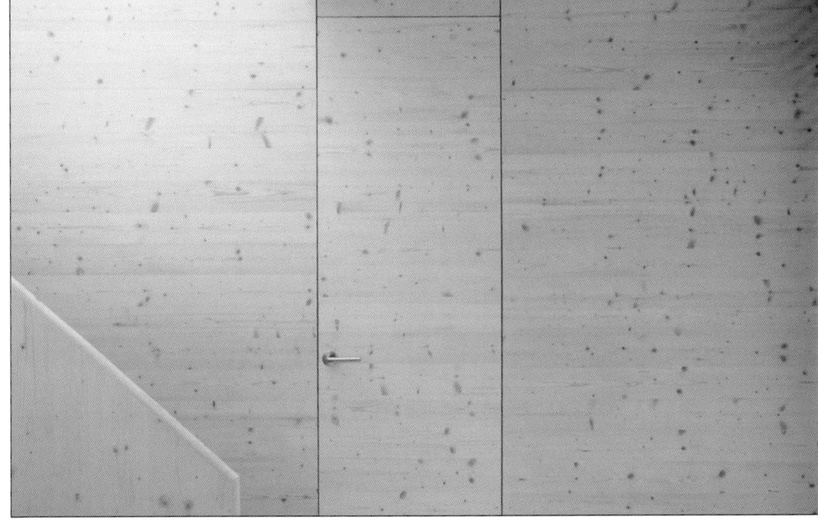

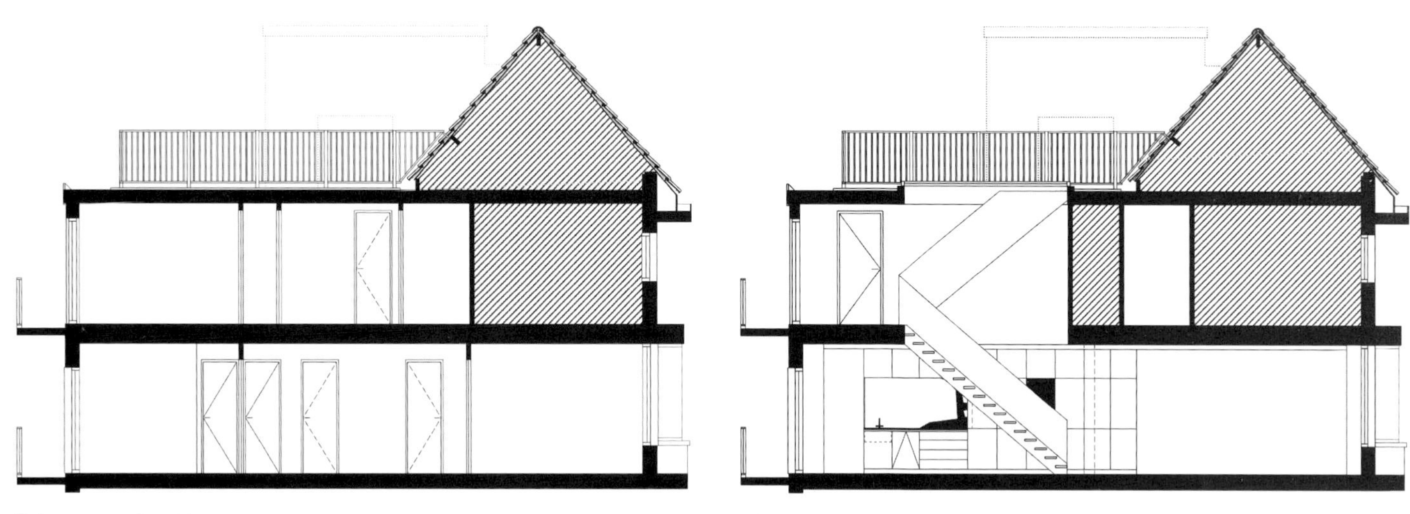

横剖面图（施工前）　　横剖面图（竣工后）

Stefan Antoni Olmesdahl Truen Architects (SAOTA)

6号海湾

南非，克尼斯纳，佩祖拉高尔夫地产

图片：Stefan Antoni

该设计项目的目标是在当地高山硬叶灌木群落环境中建造一所房屋。这座房屋是最近新建的私人地产的一部分，而这个地方则被称作海豚湾（The Cove）。房屋位于一座裸露的崖边缘，俯瞰着布满岩石的半岛。该自然保护区拥有六个专用区域，而房屋所在地正是其中之一，在这里可以获得良好的视野并享受美丽动人的海景。该项目的客户是一对来自英国的夫妇，它们游历甚广，希望在此处拥有一个室内外生活无缝连接的夏日度假寓所。因此，设计师必须最大程度地利用此处良好的视野和周边的美景。

房屋所在地处于一片独特的环境之中，必须认真考虑环境的自然属性，同时还需要特别注意其位置（位于克尼斯纳（Knysna）东端的南海岸）的特殊性。这个地方最大的特点就是起伏的地形和各式各样稠密的当地植被。设计师选择了特殊的建筑材料，可以弥补房屋所在地的自然颜色和纹理的缺失，从而将施工期间和完工之后对当地环境的影响降至最低。最终，设计师建造了一个亭阁，它与周围的自然环境混合在一起却不会太过压制自然环境的特点。通过建筑结构的比例、面积和结合连接，它展现出了一种极具凝聚力的建筑特点。它是那么轻盈，通过铺设石材的厚重墙壁与当地的景色紧紧地交合在一起。从外部看来，高山硬叶灌木植物使得房屋如同置身于自然之中，却丝毫没有破坏自然之美。整个建筑与其所在地的自然方位轮廓浑然契合。房屋的悬臂式结构(诸如池塘、架高的木质平台)伸出了建筑边界之外，而它们的下面则长满了当地的植被。

建筑所在地包含了大型玻璃区域，并且大量使用了室外空间。房屋的每一面都设有单独的私人露台。室内空间的开放式线形排列使得每一个房间都能拥有良好的视野。为了认真利用美丽的海景和周边高尔夫球场的景色，同时在极端的沿海气候时提供保护，房屋的起居空间采用了西南/东北的朝向。此外，房屋还设计了一个开放的流动空间，包括朝海的连续露台和受保护的庭院。房屋的主起居空间将室内与室外连接了起来。在糟糕的天气情况下，房屋的朝向使得受保护的庭院处于背风的一面；而在阳光明媚的无风天气下，则可以自由使用延伸出的露台。房屋的贯穿式视野确保每一个人都可以看到周围的海景和起伏的地貌风景。

建筑设计：
Stefan Antoni，Greg Truen，Johann van der Merwe
结构工程：
Kanty & Templer公司
承包商：
海角岛屿住宅公司

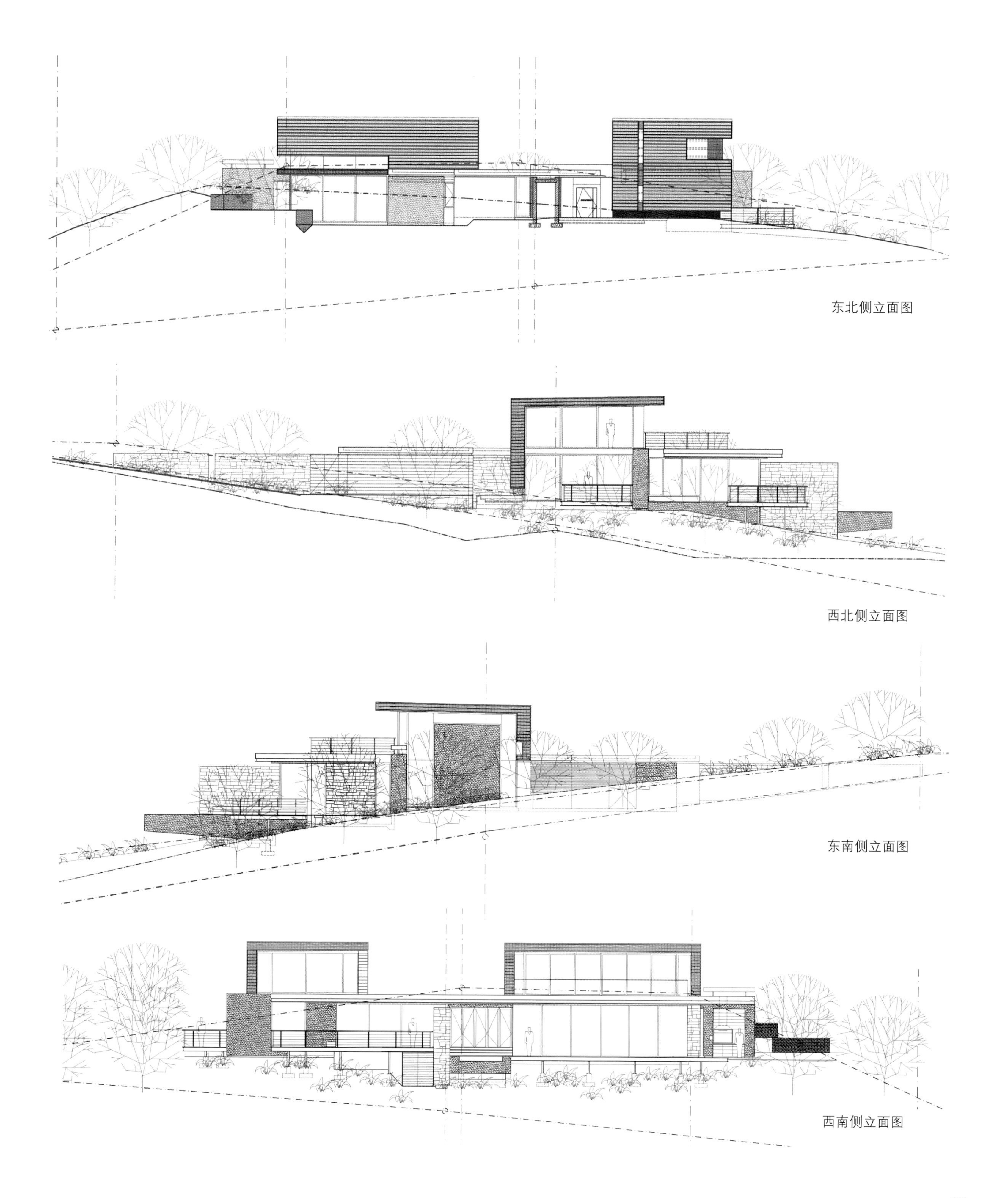

东北侧立面图

西北侧立面图

东南侧立面图

西南侧立面图

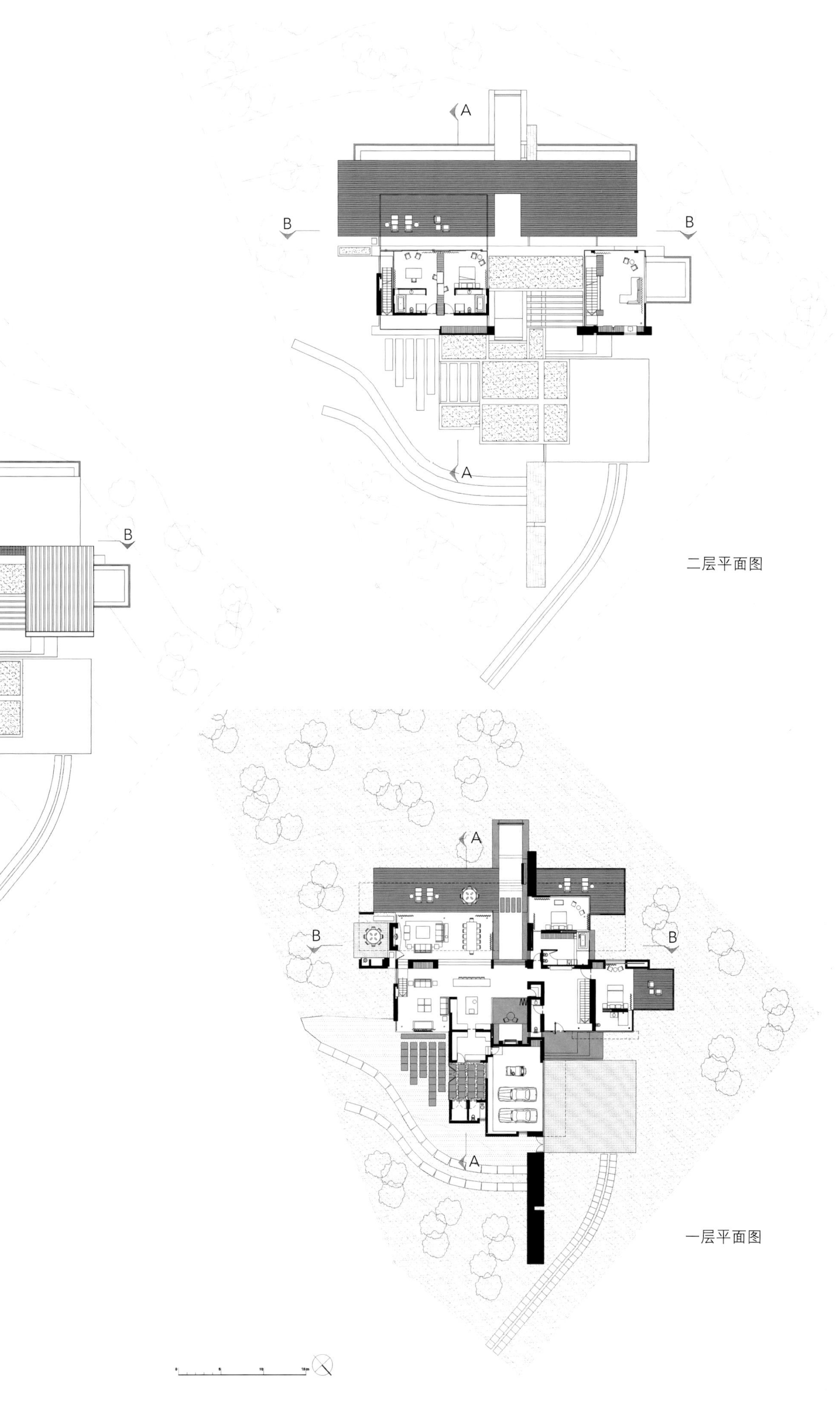

屋顶平面图

二层平面图

一层平面图

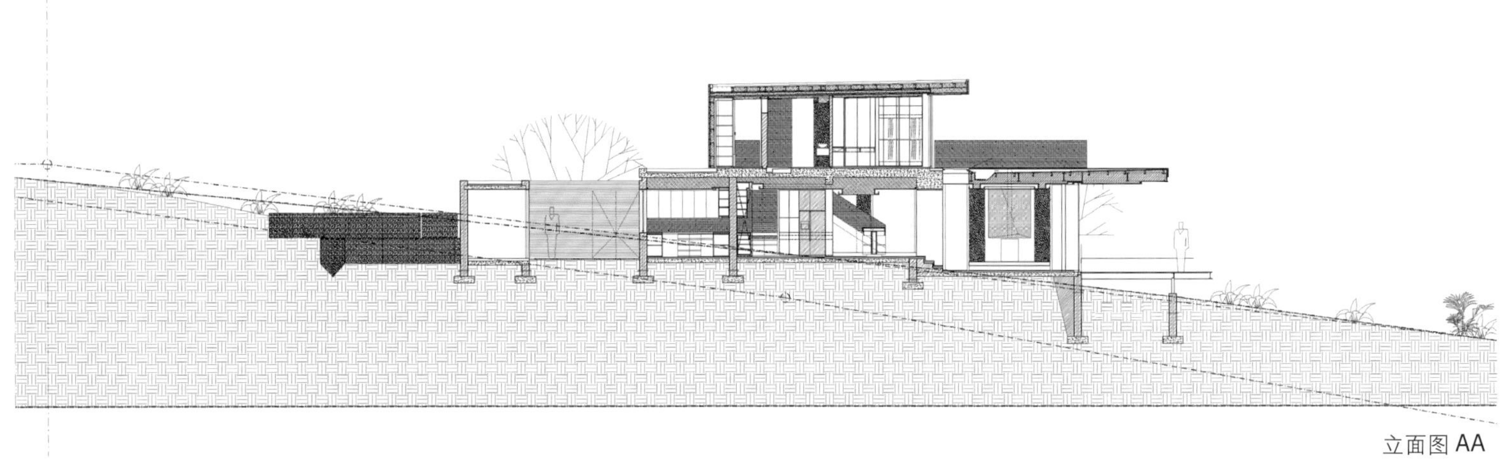

立面图 AA

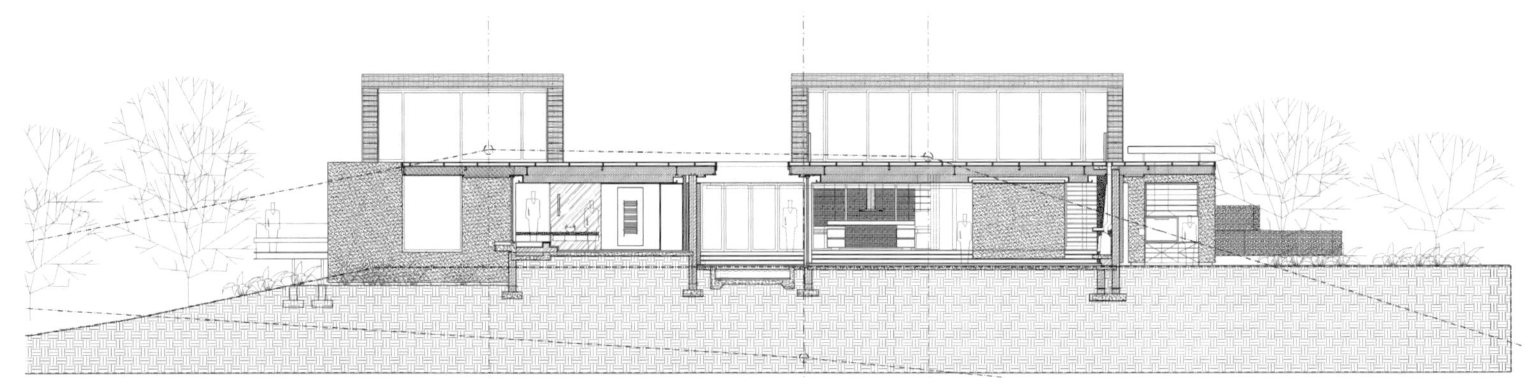

立面图 BB

一座水池与起居空间连接了起来，渐渐与室内空间融为一体。从水池边的露台望去是大海和起伏的山景组成的壮丽景色。

The Apartment

YMCA公寓

美国，纽约

图片："The Apartment"设计公司提供

建筑设计：
"The Apartment"设计公司

经过无与伦比的改造和重建，曾经的YMCA篮球场和暂停运行的转向架被改造成了一个650平方米的不规则阁楼住宅。将来自世界顶级设计工作室所制作的家具进行巧妙的应，原本粗糙的施工区域变成了当前的这个建筑与文化展示厅。

原来的贯穿整个房屋空间的桁架仍在提示着人们这个典雅的阁楼建筑曾经的用途，而被重新拉伸的室内特点扩散至窗户开口，带来一种更加新鲜、更加轻盈的气氛。原来的篮球场硬木地板也被重复利用，让这间公寓的私人区域变得十分优雅。在共享空间里，极简抽象派艺术风格的地板则采用浇筑混凝土制成。

舒适和风格是该设计的关注重点，这一点主要体现在房屋采用的微机控制照明、供暖和空调系统以及隔音楼板上。即便是厨房中的细节也都一一顾及，包括：可丽耐（Corian）牌的人造大理石台面和内置的垃圾处理机、红酒冰柜、两台全尺寸冰箱和两台洗碗机。

这座公寓设有五间卧室，为了达到最大程度的舒适感，每间卧室都配有一间完整的盥洗室。此外，这里还设有两间家庭影院、一间家庭办公室以及一个配有生长光线照射设备的室内花园。

主卧室设有三个嵌入式衣柜，并且在一个内嵌的平台上放置有一个特大号的胡桃木制卧床。主卧室是一个六面体，地面铺满了瓷砖，这里配备了两个波费（Boffi）淋浴（马塞尔·万德思设计）、一间双人蒸气浴室和一个独立式浴缸（菲利普·斯塔克设计），以及一个与墙壁相同大小的医药柜。一个不规则的可进入式主衣橱为旋转迪斯科舞厅增加了一丝奇异感，衣橱中设有一个内嵌式的梳妆台和一个坐卧两用长椅，而这里配备的鞋架可以放置100双鞋。

在大客厅里，一个长绒的五人沙发与燃气壁炉相对，这里配备了iPod接口、DJ输入接口、家庭影院、隐蔽式小厨房和凯斯索（Kasthall）牌的苔藓式地毯。

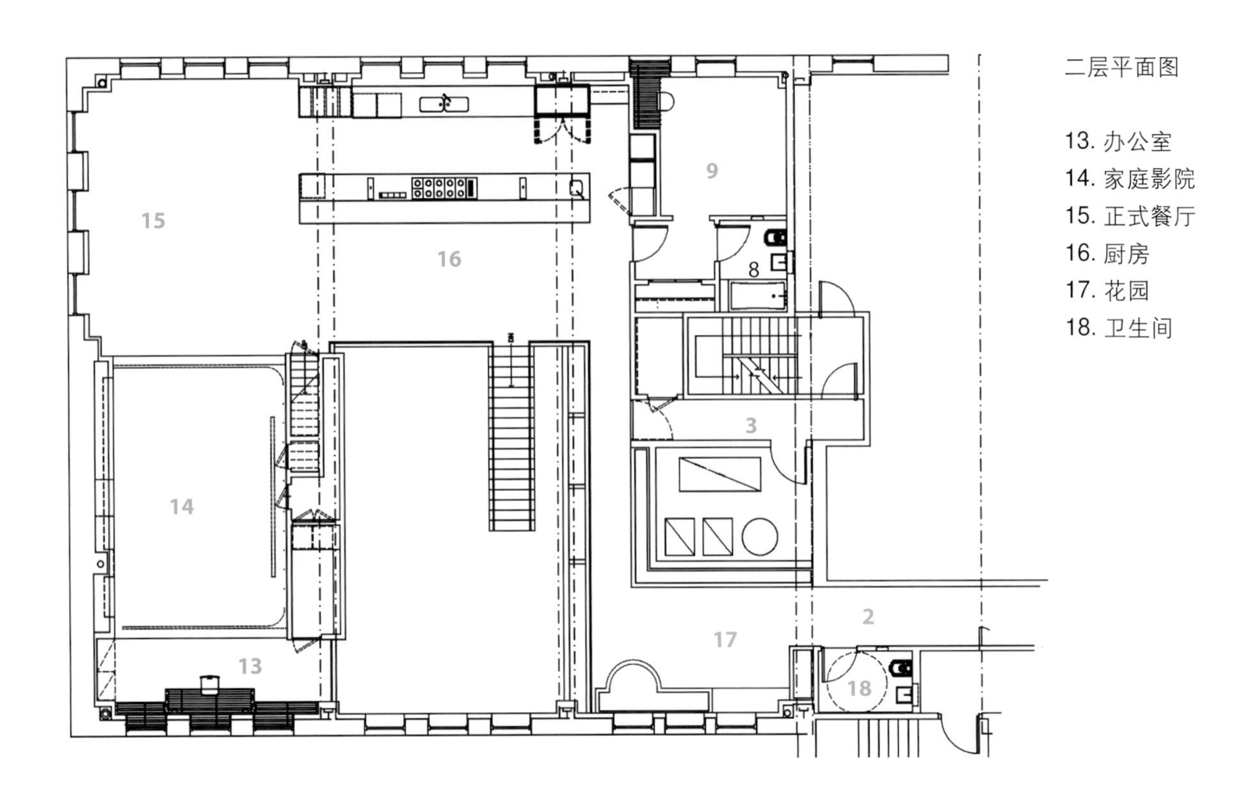
二层平面图
13. 办公室
14. 家庭影院
15. 正式餐厅
16. 厨房
17. 花园
18. 卫生间

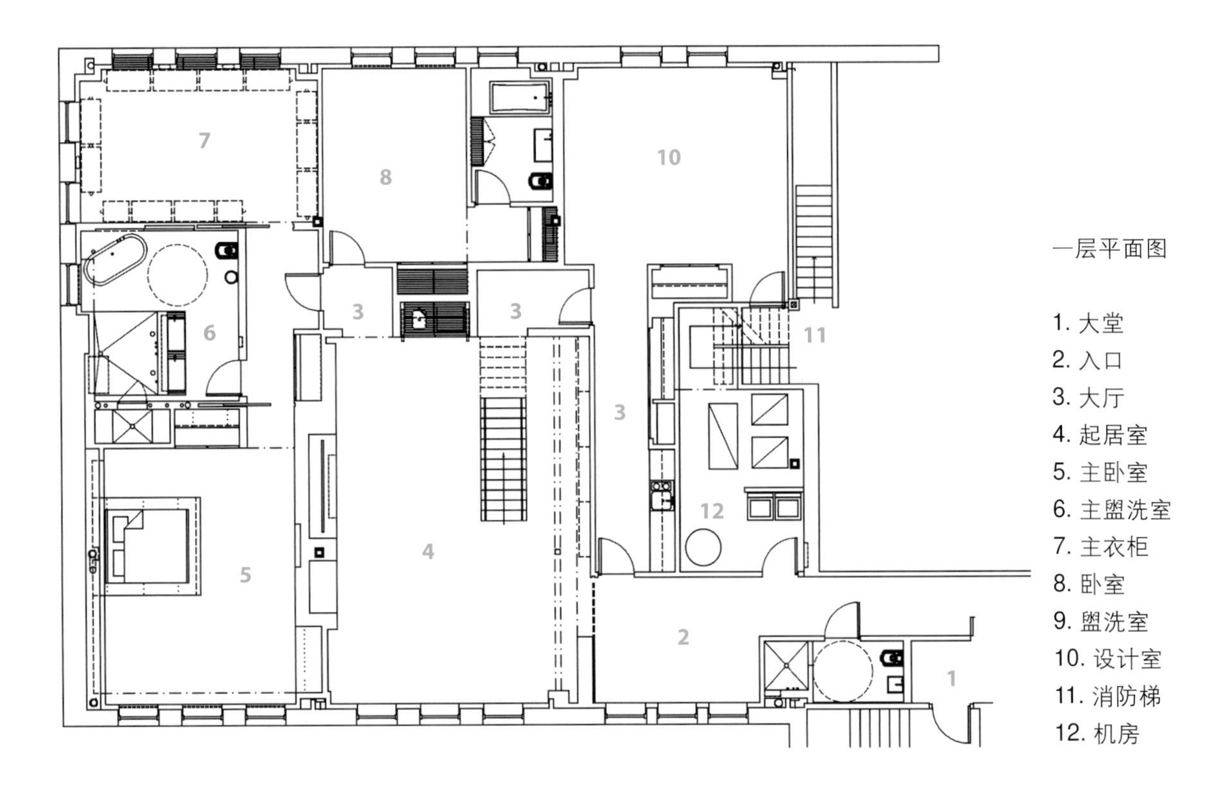
一层平面图
1. 大堂
2. 入口
3. 大厅
4. 起居室
5. 主卧室
6. 主盥洗室
7. 主衣柜
8. 卧室
9. 盥洗室
10. 设计室
11. 消防梯
12. 机房

三层平面图

19. 夹楼卧室
20. 夹楼盥洗室
21. 下空

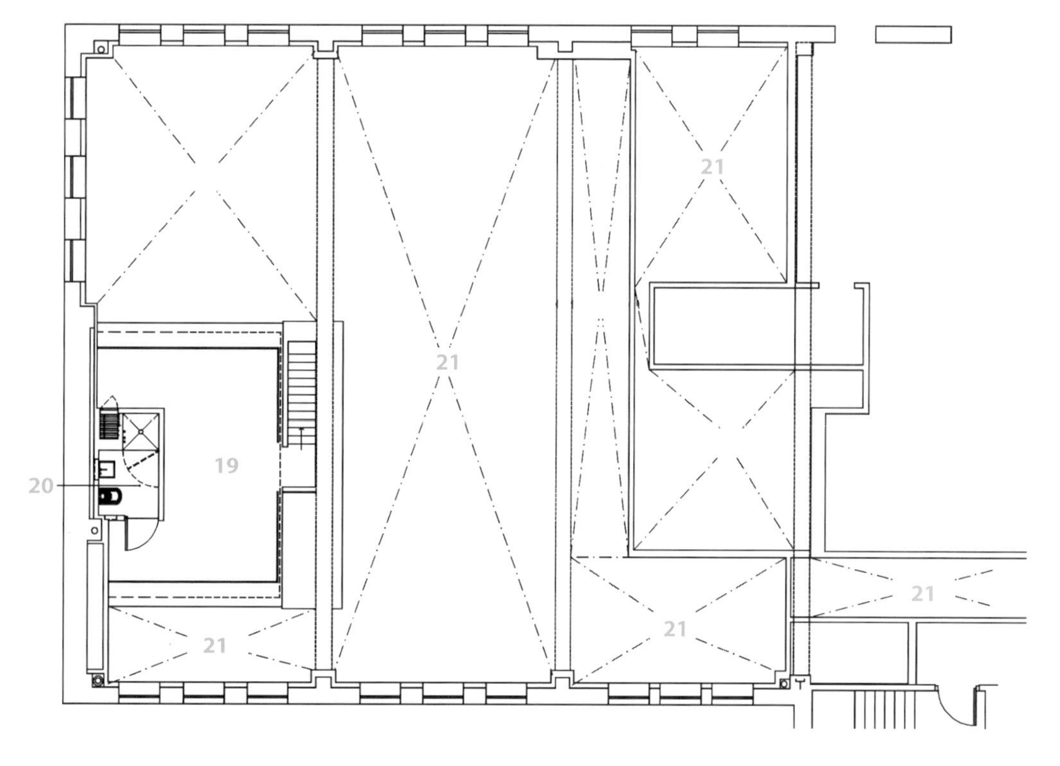

PULL Push drill kiss

Ettore Sottsass & Johanna Grawunder

奥拉本娜佳 (Olabuenaga) 住宅

美国，夏威夷，毛伊岛

图片：Santi Caleca

该项目位于一个被参天大树环绕的宽阔平地上，该区域被分为一个800平方米的家庭生活区域（包括三个卧室、厨房、餐厅、起居室、书房和大型中心庭院）、一个500平方米体能训练区域（包括室内泳池、桑拿/蒸气浴、健身房）。

这个设计最基本组织部分就是那些穿梭于不同空间内的每条通路，那些花园既是空隙也是空间，建筑外部的装饰材料紧随着其表面的变化而不考虑建筑的体积，而天然或人工的照明设施通过不同的灯光、色彩和材质对建筑的室内空间进行了重新的诠释。

这些空间和空隙组成了一个建筑组合体。从空间多样性和各部分之间的复杂交互来看，这个建筑组合体更像是一座村庄，而不是一个单体建筑物。

建筑设计：
Ettore Sottsass & Johanna Grawunder
设计公司
协调人：
Richard Young

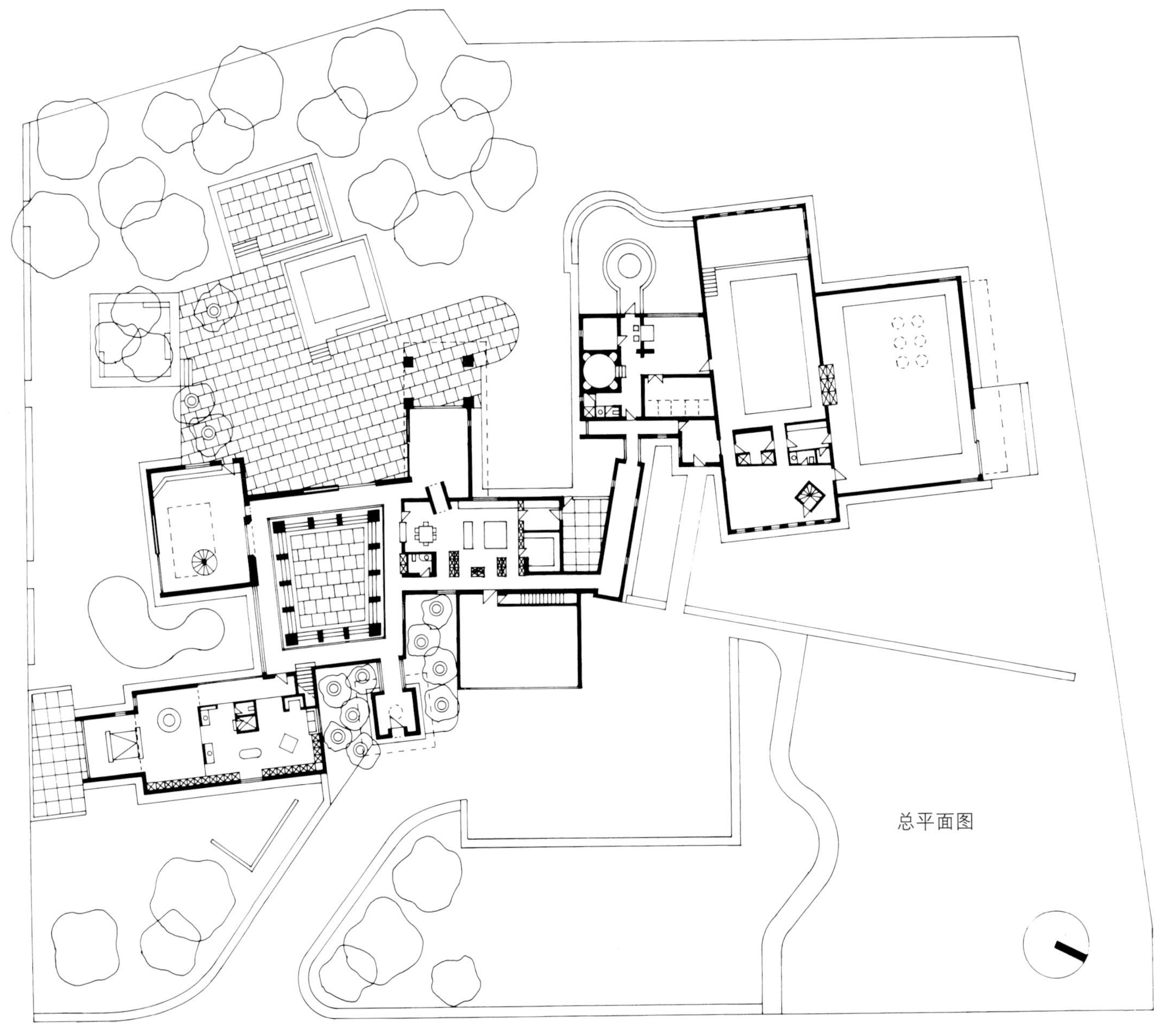

总平面图

不同颜色和材质的综合运用对于该空间定义起到了主要的作用。这样做的目的是获得最大程度的氛围变换，每种氛围都有其独特的个性。

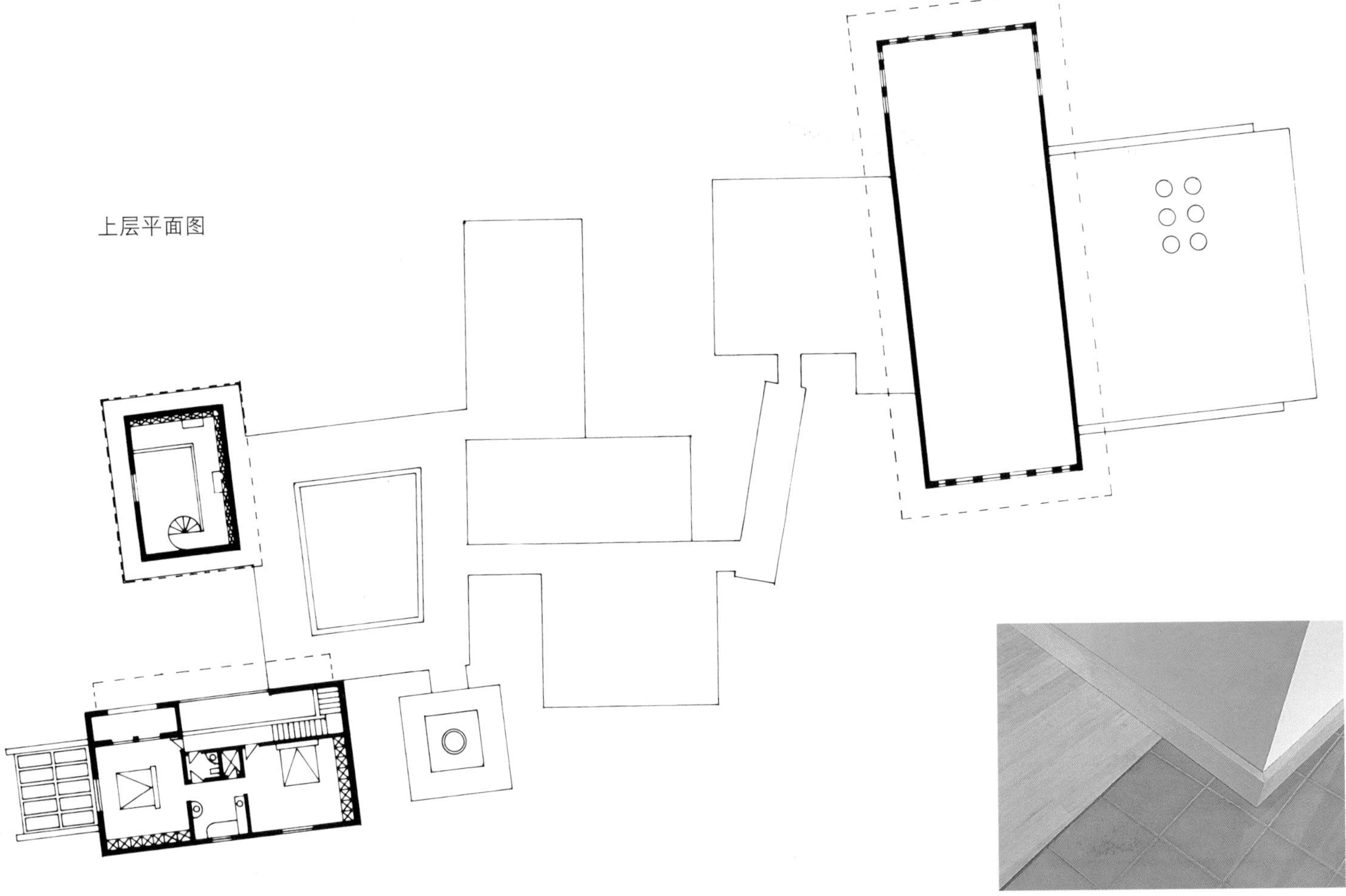
上层平面图

在这所住宅中，圆形的空间被看做是一种环境，一方面它为不同房间之间提供了一种区域过渡，另一方面它使得所有房间都能够配合住宅的节奏。

纵剖面图

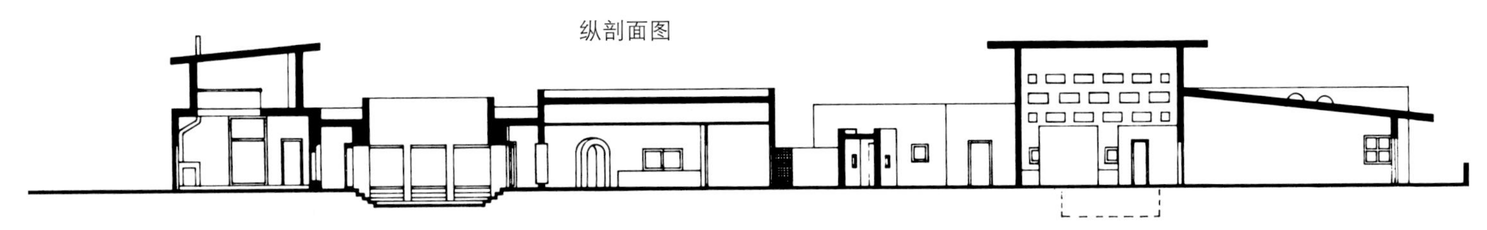

这些空间和空隙共同形成了一个建筑群，从空间多样性上看，它更像是一座村庄，而不是一个单一的建筑物。

PROCTER: RIHL

斯莱斯 (Slice) 住宅

巴西，阿里格雷港

图片：Marcelo Nunes，Sue Barr

建筑设计：
PROCTER: RIHL建筑事务所

斯莱斯住宅被选中代表巴西参加2004年10月在秘鲁举办的第四届拉丁美洲建筑双年展览。该设计包含有一系列现代巴西建筑的元素，同时它的复杂棱柱几何设计又为其增添了新的元素，这些元素制造出一系列室内空间错觉。这所住宅建造在一块3.7米 X 38.5米（12英尺宽、126英尺长）的土地上。这块土地空置了20多年，尽管拍卖了三次，但却未能售出。当前的设计客户参加了该土地的第四次拍卖，尽管有许多人参与了此次拍卖，但是他们却未能看到这块土地的潜力。

该住宅的设计采用了棱柱几何设计并配以丰富的细节，这就需要认真的详细设计和现场监督。3D建模可以确保交付部件的精度和准确度，从而可以在现场完成最后的组装。窗户、金属制品和细工家具均是在现场组装完成的。这些部件的加工过程十分精细，但与之形成鲜明对比的是有意将混凝土表面处理得比较粗糙。

该住宅的结构部分采用了木质模板在施工现场直接浇筑混凝土制成，这种施工方法在当地已经成为了传统，这是因为很难在当地找到符合这种项目规模的预制混凝土件或金属制混凝土浇筑模板。由于木质模板都是采用粗糙的锯木制成的，所以其表面会有很多木纹，而这种纹路也会最终留在混凝土的表面。房屋的天花板采用了倾斜10度的方法浇筑，这种方法在巴西很常见。

在混凝土完全凝固之后，房屋的露台和泳池表面会采用树脂和玻璃纤维加以覆盖。这所建筑最引人注目的地方可能就是那些手工制作的金属制品。长达7米（23英尺）的厨房工作台是由一块完整的钢板制成的，其两端设有2米（7英尺）的悬吊桌，分别朝向餐厅和庭院。厚钢板经过折叠，从较低的就餐高度提升为更高的工作平台。钢结构的表面覆盖着一种鳄梨色、经过实验室催化的油漆，这种油漆最后会变得十分坚硬。楼梯采用了折叠的8毫米（5/16英寸）厚钢板制成，并与底盘横梁焊接在一起。房屋的楼梯从结构上可以实现自我支撑，因此楼梯的扶栏便可以采用轻质结构。

ascoisastempesomassavolumetamanhotempofor
composiçãotexturaduraçãodensidadecheirovalorco
sistênciaprofundidadecontornotemperaturafunção
aparênciapreçodestinoidadesentidoascoisasnão
tempazascoisasarnaldoantunes1992

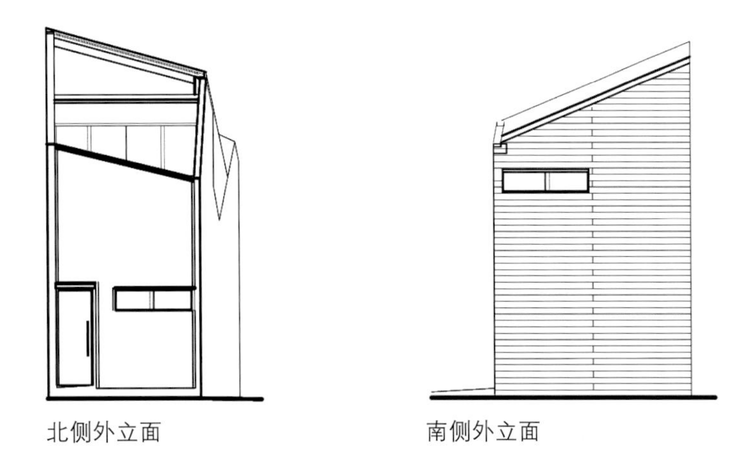

北侧外立面

南侧外立面

房屋的天花板被建造成倾斜10度的斜面，这是巴西广为采用的技术。露台和泳池在混凝土施工完成后采用了松香和玻璃纤维覆盖外层。

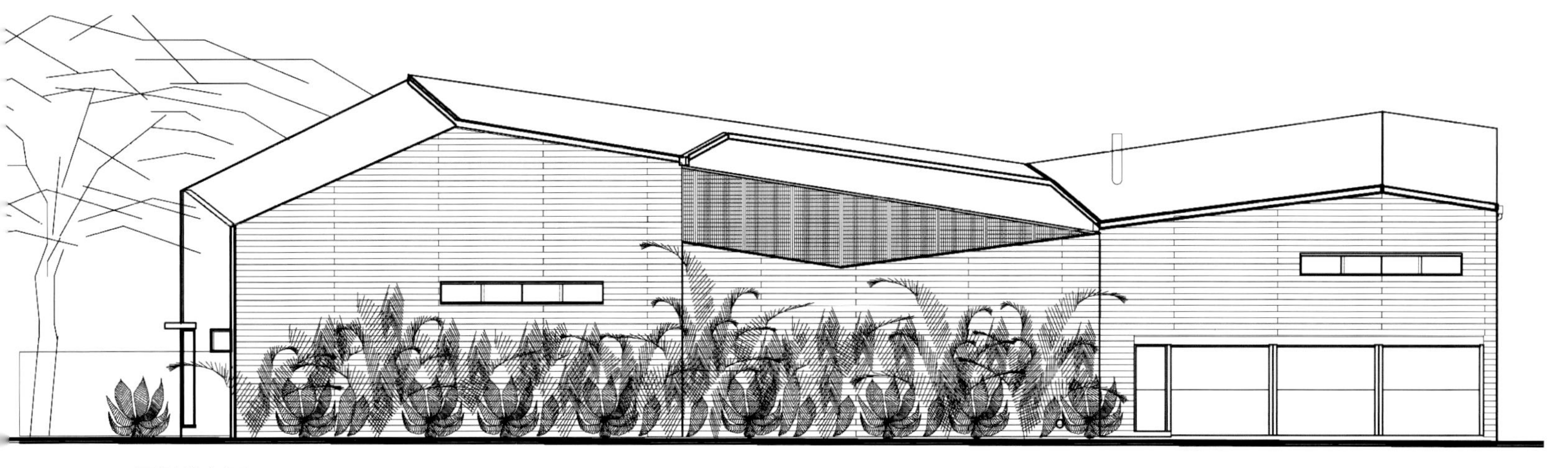

西侧外立面

sastêmpesomassavolumetamanho
siçãotexturaduraçãodensidade
ciaprofundidadecontorno
nciapreçodestinoidadesentido
zascoisasarnaldoantunes1997

二层平面图

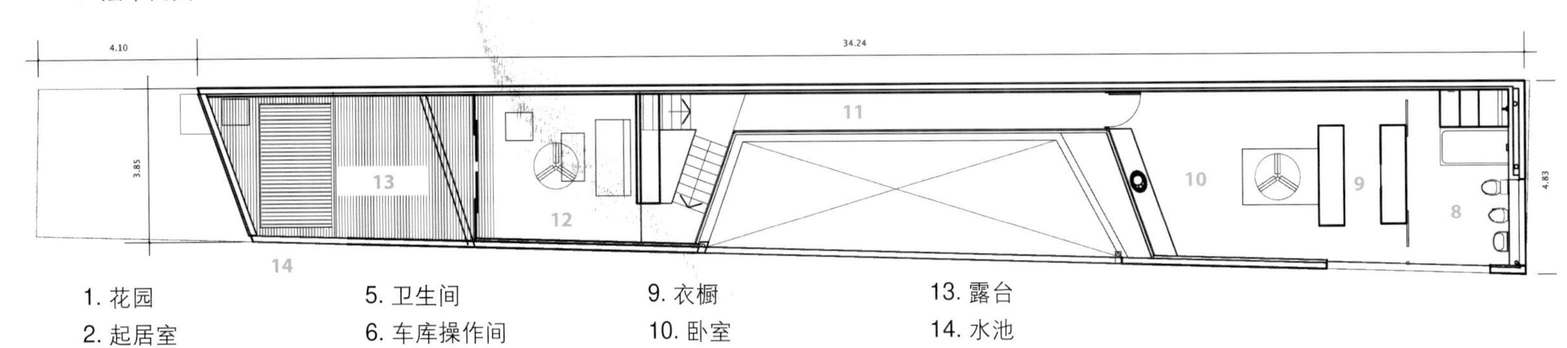

1. 花园
2. 起居室
3. 餐厅
4. 厨房
5. 卫生间
6. 车库操作间
7. 车库
8. 盥洗室
9. 衣橱
10. 卧室
11. 大厅
12. 客房
13. 露台
14. 水池

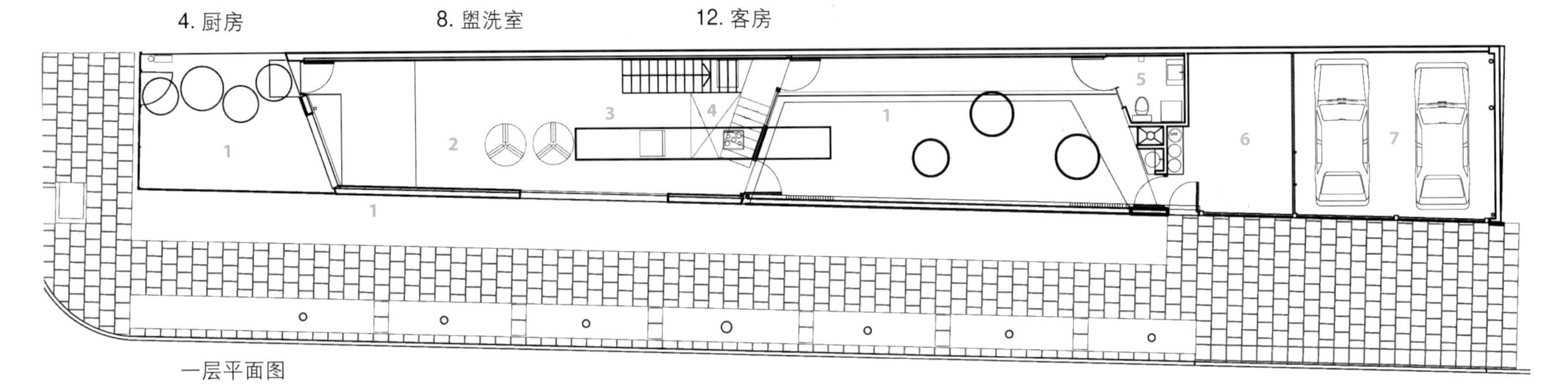

一层平面图

© Marcelo Nunes

© Marce o Nunes

© Marcelo Nunes

纵剖面图

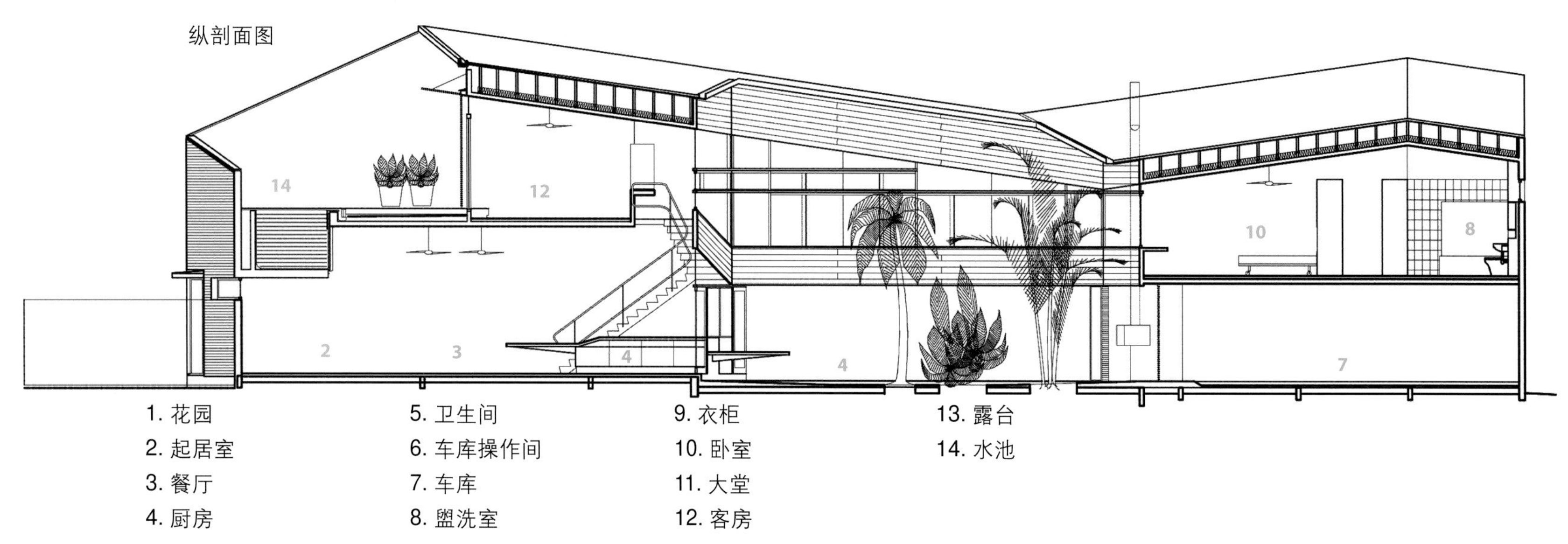

1. 花园
2. 起居室
3. 餐厅
4. 厨房
5. 卫生间
6. 车库操作间
7. 车库
8. 盥洗室
9. 衣柜
10. 卧室
11. 大堂
12. 客房
13. 露台
14. 水池

© Sue Barr

© Sue Barr

Marco Savorelli

尼古拉的住宅

意大利，米兰

图片：Matteo Piazza

自这个座落于米兰的阁楼翻新工程之初，客户和设计师们就十分清楚后续的每一个步骤：从零做起，专注于“居家系统”的抽象功能和设施，以恢复一元、主要和基本的空间为开端，将旧功能融入简化的新形式中。

诸如盥洗室、厨房和衣橱之类的功能性空间都转变成为统一的空间，简化为普通形式，同时配以雕塑式外形。

这个项目事实上就是其所处位置的历史纪念意义与严谨正式方法之间的交汇。对于如何保留原有自然光质量的兴趣直接驱动着对新空间的均衡试验，其结果就是空间体与情绪之间有趣的交替，以及先前空间与新空间之间流畅的转换。该项目的独特之处正是源自于建筑师与客户之间强有力的交流，以及空间功能复杂性与实现极简抽象主义美学意愿之间的结合。这不仅仅是一个室内装修设计项目，也是采用一种完全现代、创新的方法来重塑居住生活空间的过程，而这种居住生活空间具备令人愉悦、发人深思的品质。

进入公寓后，其精致协调的空间、装饰选材和照明所制造出的视觉效果令人震撼。光线追随着雅致的设计在光洁的表面上蔓延，而运动不息的阴影则玩弄着简洁原始的光影游戏。

建筑设计：
Marco Savorelli
协调人：
Luca Mercatelli
主建筑商：
Arbusta Arredamenti)公司(木结构)
GI.OR.SI 建筑公司
建筑设施工程：
Zeus Impianti公司

光线被看做是一种建造元素，它的功能不仅仅是室内照明，还包括对室内空间的定义。顶部的主光线赋予了整个室内空间一种强烈的垂直感。

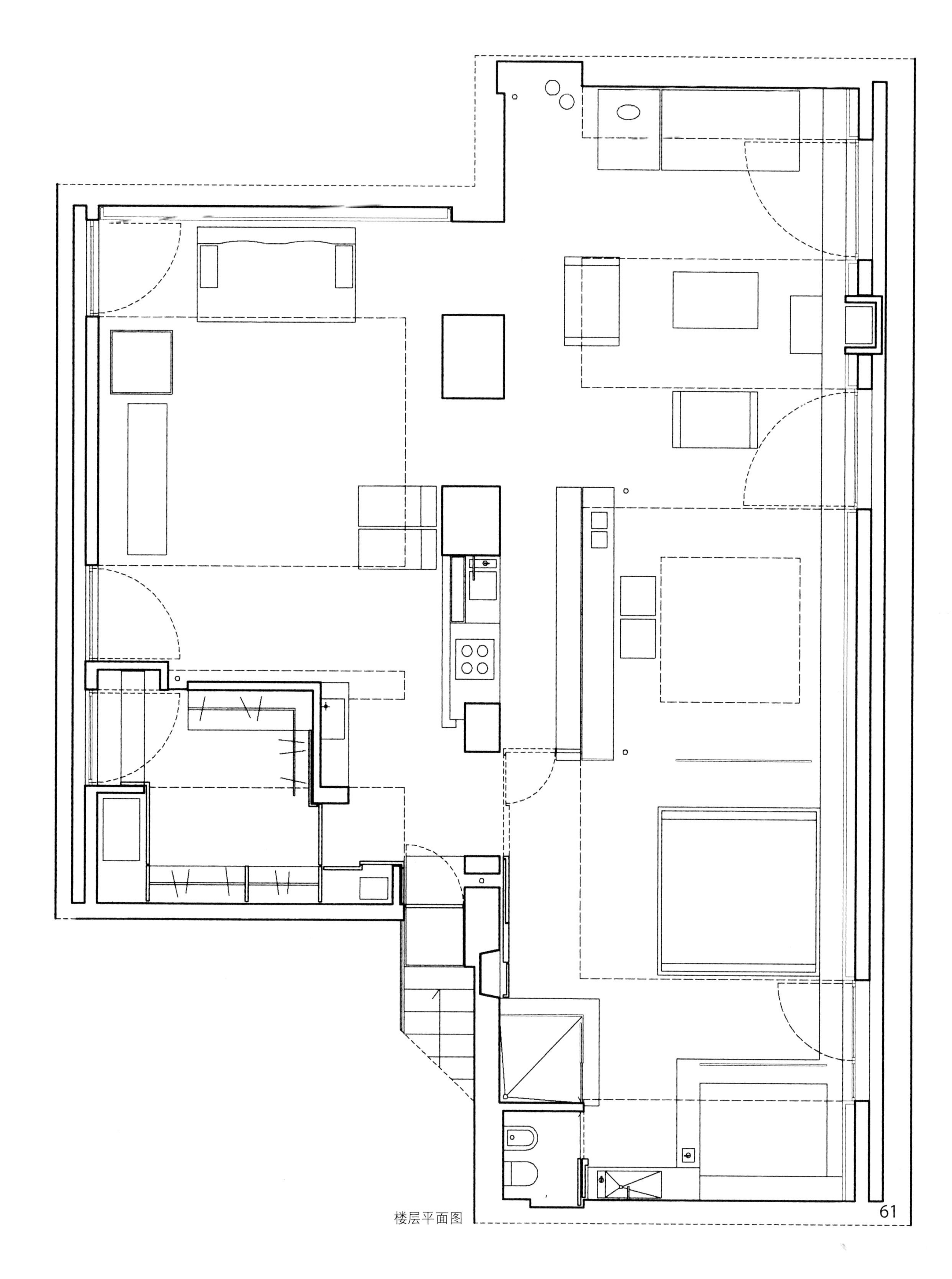

楼层平面图

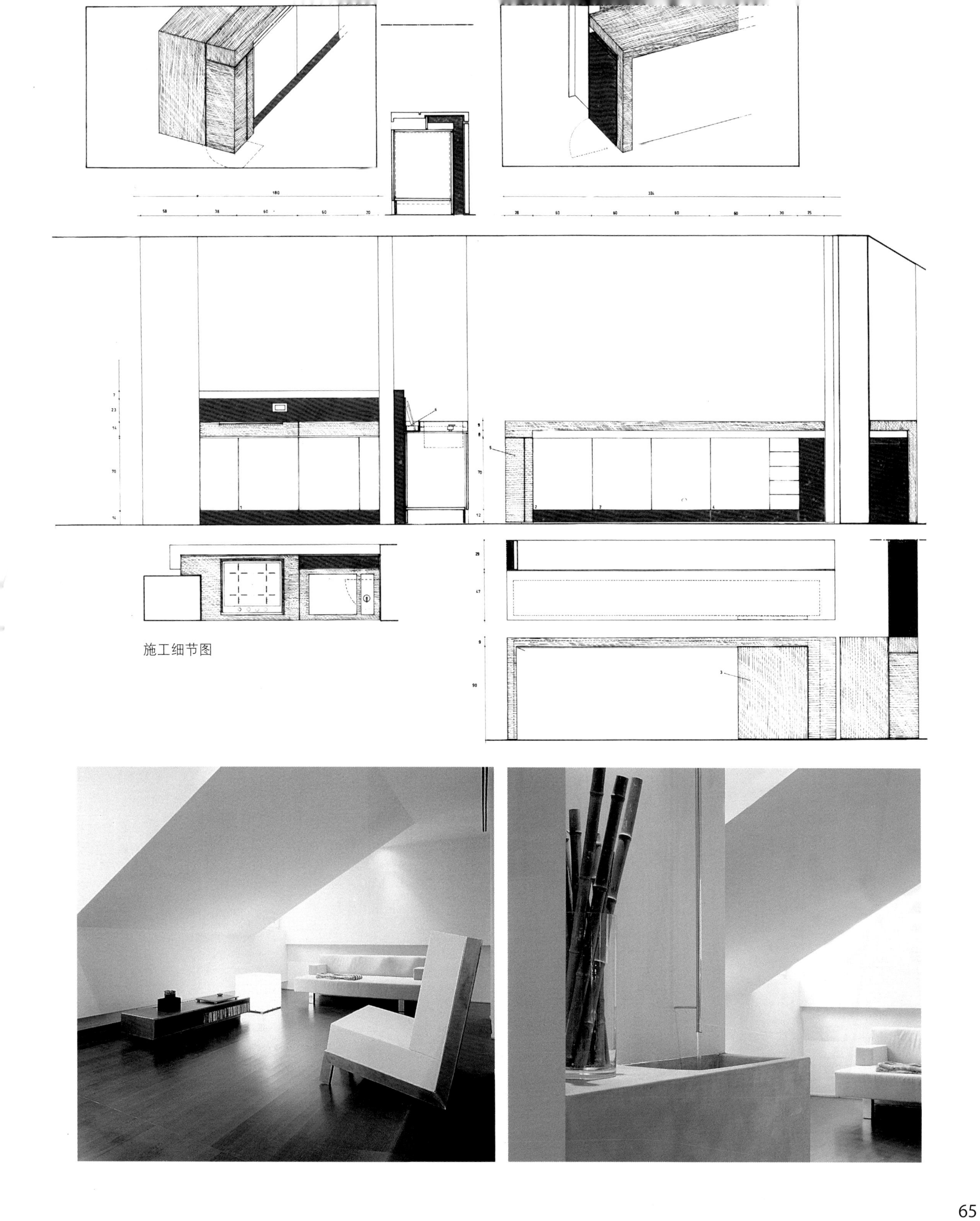

施工细节图

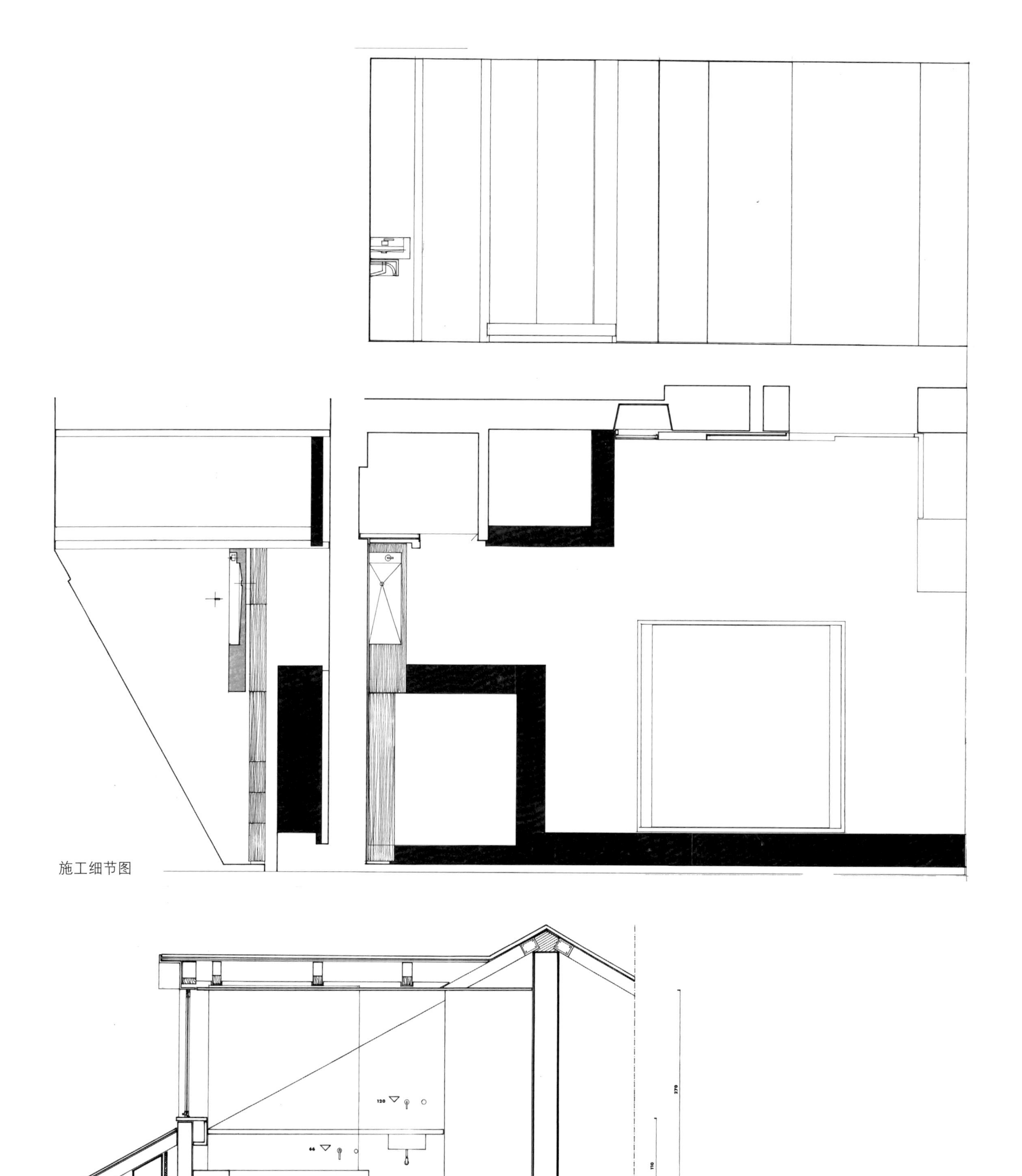

施工细节图

空间的分布遵循一种开放的原则，最少地采用分割，始终寻求不同区域间的呼应、交流和流畅性。

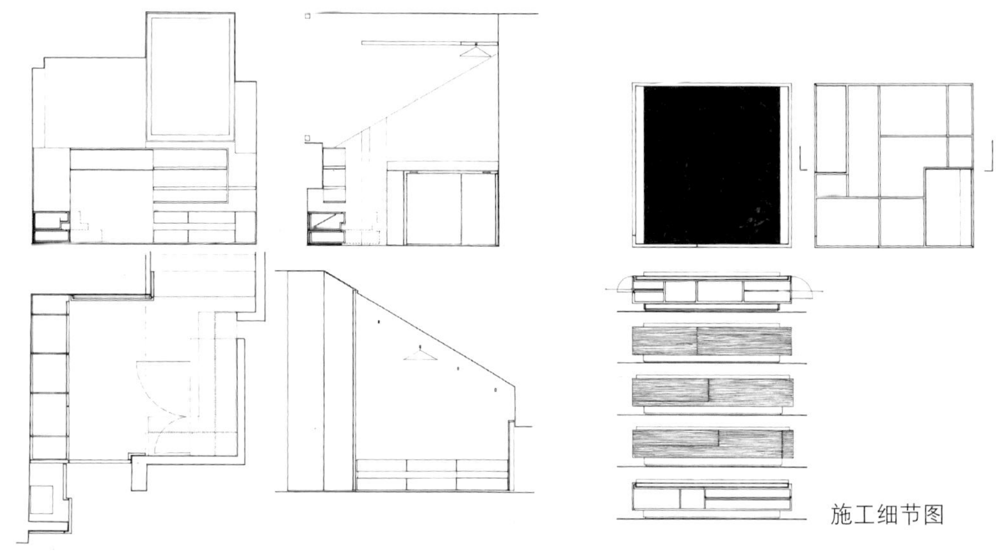
施工细节图

Eline Strijkers

9号单元

荷兰，阿姆斯特丹

图片：Teo Krijgsman

在房屋平面设计中总是一成不变地在一个主要平面上进行空间的功能型布局。因此，设计师艾琳・斯特里克斯（Eline Strijkers）决定在这个公寓设计项目中采用多层次的立体设计方法，这必将促成一次创新。在这个特殊的"生活—工作"公寓中，功能设施更多的分布在墙壁上而不是地板上。

这一点成为了这个位于北阿姆斯特丹的海湾建筑（约2,691平方英尺或250平方米）翻新项目的出发点。所有的支持性功能都设置于封闭的空间中，因为工作、储存、休息、就餐、做饭、睡觉这些活动都是在特定的空间或表面上实现的，因此所有的空间几乎没有使用任何独立式的家具。

每一个空间展开后都像是独立的雕塑，同时他又使得空间的自由分割成为可能。这样也更突出了对于空间的垂直组织方式。房屋一层与其他层之间有一个明显的分界线，而其他楼层经过处理被看做是一个空间整体。

设计师斯特里克斯（Strijkers）采用了出人意料的方法来实现自己的设计，这一点即使在最小的细节上也能得到体现，而其空间理念的最基本属性也主要通过这种方法得以表达。在房屋一层，不同材料被用于标识出房间与房间之间的过渡。

在房屋上层使用的材料为诸如"家庭感"、"安逸感"之类的词语提供了一个新的参照标准。除了对于空间、形式、材料和细节的关注，住宅的房间并没有进行过度的设计。通过对材料的粗放式使用、该房屋不同部分间的开放感，尤其是集体使用的倾向，使得整个房屋充满了普通、随意的氛围。

建筑设计：
Eline Strijkers

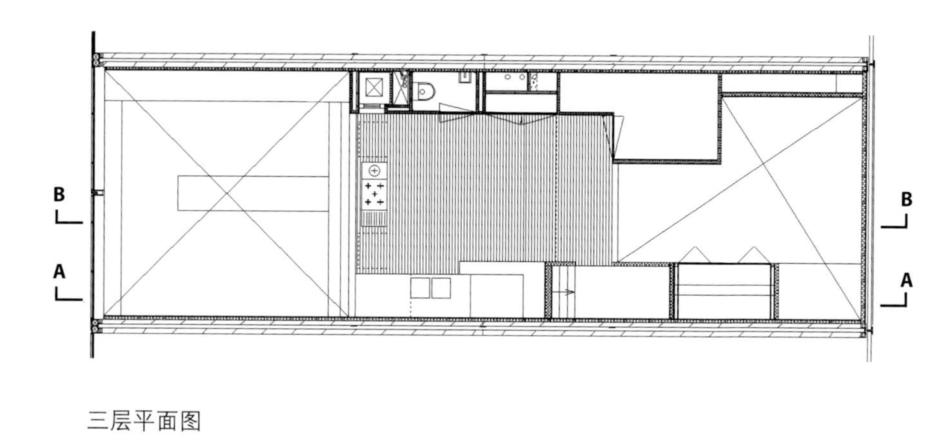

三层平面图

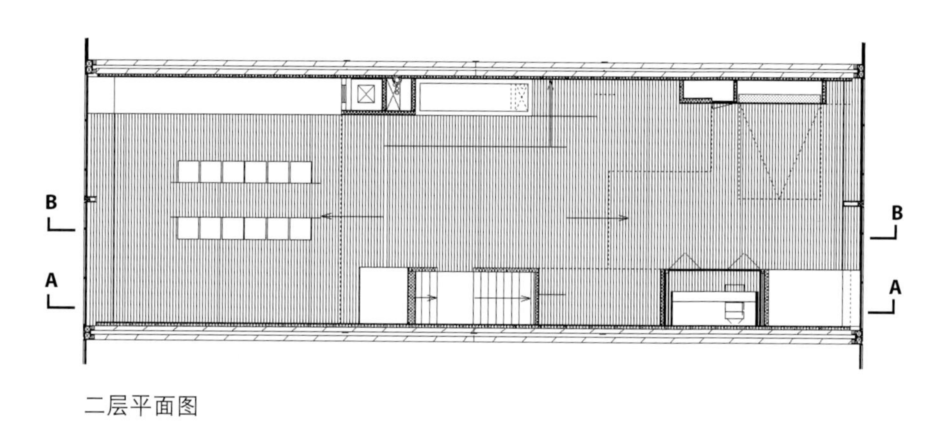

二层平面图

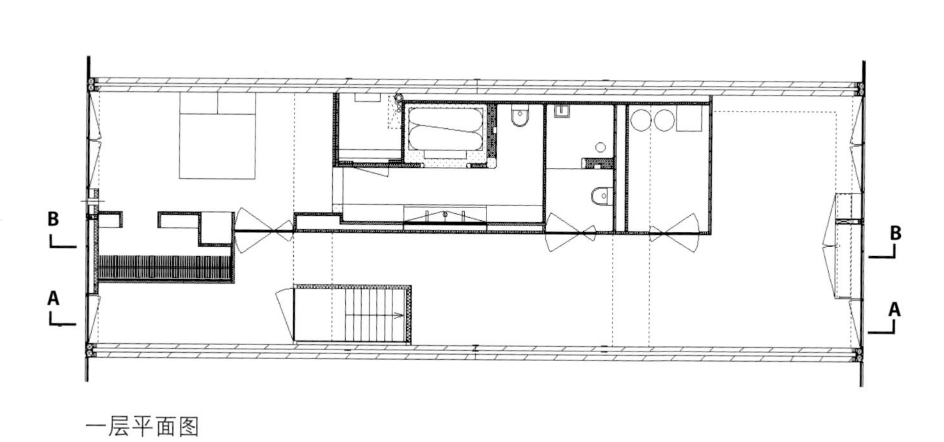

一层平面图

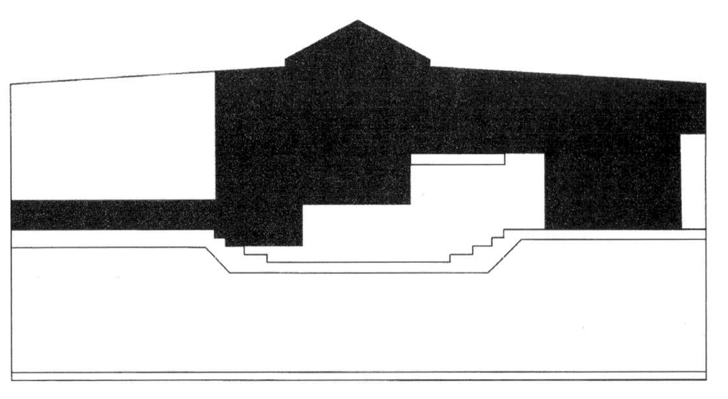

主体连接的概念图

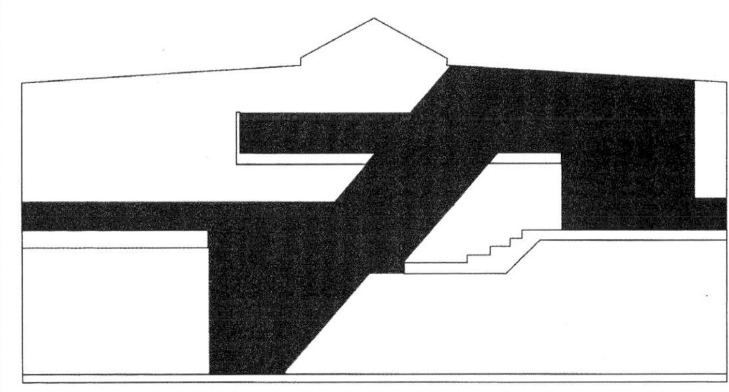

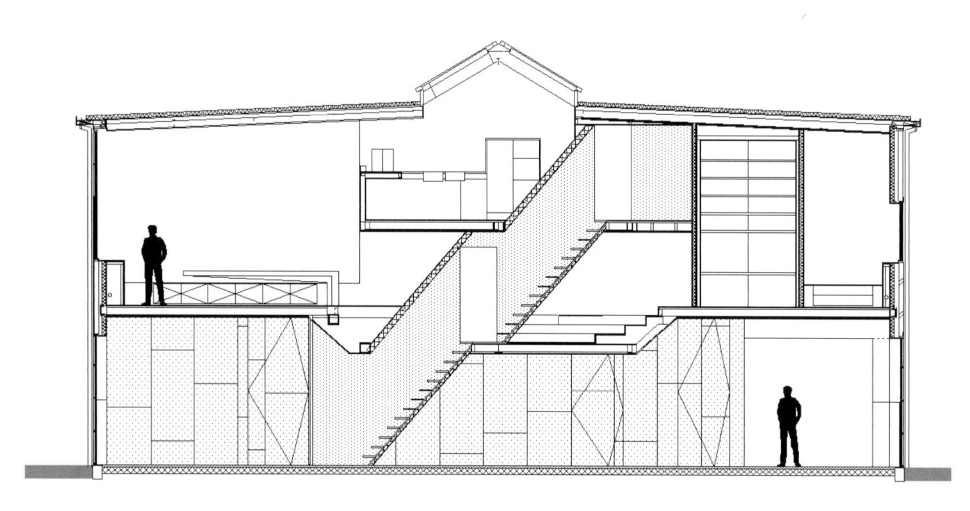

剖面图 AA

这栋公寓空间概念的最基本属性体现在室内的各种功能更多的分布在墙壁上，而不是地面上。

工作、储存、闲坐、就餐、睡眠这些功能全都包含在一个特殊的空间中或表面上，这也是房间里没有独立式家具的原因。

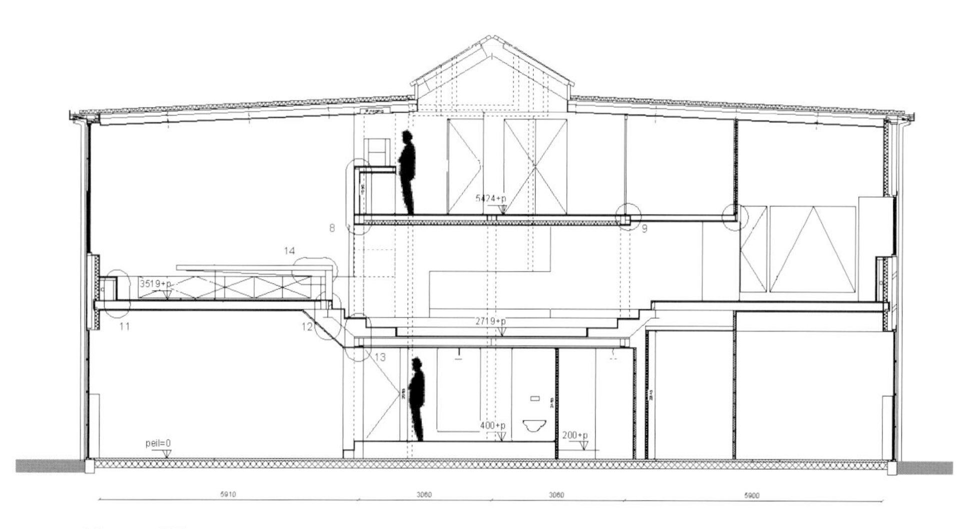

剖面图 BB

Uras + Dilekci Architects

米思尔 (Misir) 阁楼

土耳其，伊斯坦布尔

图片：Ali Bekman

建筑设计：
Dilekci建筑事务所

米思尔大楼位于伊斯坦布尔贝约格鲁（Beyoglu）区的中心位置，由一名美国建筑师霍夫赛普·阿兹纳沃（Hovsep Aznavour）于1910年设计完成。该设计项目的目的是在该大楼的二层创造出一个面积280平方米（3,000平方英尺）的阁楼，作为一对喜爱娱乐的夫妇在该城市的第二居所。正因为如此，建筑师专注于在保留一些房屋空间原有特点的同时将其转化为一个非常独特、现代、灵活的公寓。

在靠近入口的厨房中，地板被抬高从而制造出一个长台面，可以用于就餐和工作。变换的彩色光带镶嵌在地板下面，可以组合起来创造不同的氛围。房屋中的大部分照明设施，包括定制的枝形吊灯，均采用了黑色电线和悬挂的电灯泡制成，同时还按照一定的技巧方法对一些照明设施采取镜面处理，从而制造出不同的效果。

建筑原有的墙砖和结构木材裸露出来以保持建筑原有的风格，而石膏天花板则被火把煅烧过，从而制造出一种有机的质感。

卧室中设有360度环绕的黑色天鹅绒窗帘，可以把卧室与公寓的其他部分完全隔绝开来。卧室的一面墙壁采用玻璃制成，而其他则是遥控的红色PVC漆面门。

在盥洗室中，椭圆形的大理石片和钢片被切断并被植入砂浆层中，从而制造出一种水磨石质感的地板。此外，盥洗室配有覆盖有竹子的定制橱柜。

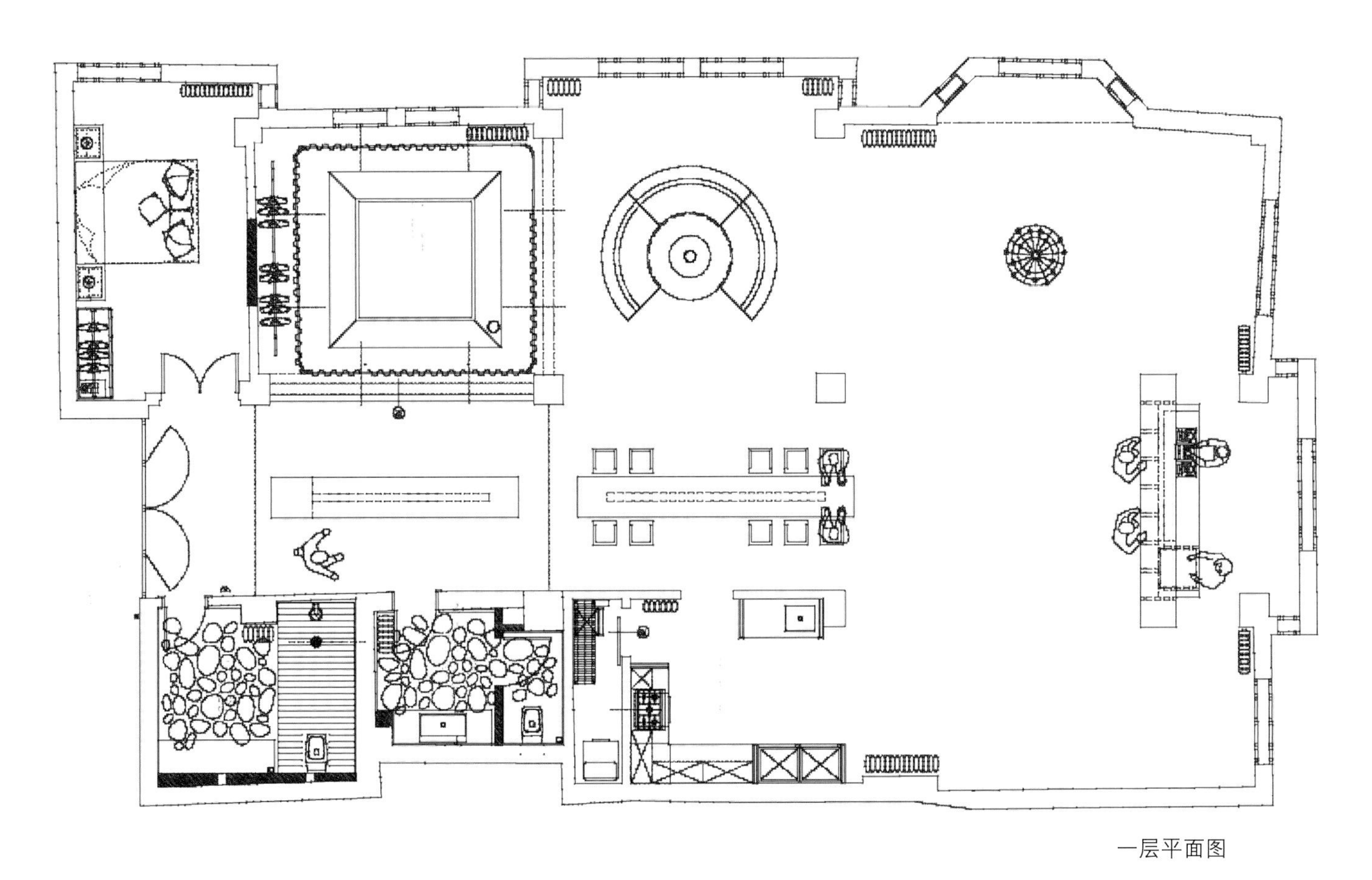

一层平面图

PLAY ALBUM
INTERVIEWS

卧室是公寓中唯一“封闭”的空间，黑色天鹅绒幕帘可以把它与室内其他空间分割开来。阿黛丽儿·德林（Atelier Derin）设计的绿色圆形就餐隔间可用于更加正式的晚餐。沿着分割卧室和餐厅的玻璃幕墙可以向下滑出一块用于播放电影的荧幕。

mixmasters
EPISODE THREE
PLAY ALBUM
TRACK SELECTION
INTERVIEWS
INFORMATION
PLAY TRAILERS

Slade Architecture

迈阿密海滩公寓

美国，佛罗里达，迈阿密

图片：Ken Hayden / Redcover.com

这座公寓位于迈阿密的南部海滩，它是专门为一对年轻夫妇设计的极具“迈阿密”风格的度假居所。由于客户和偶尔的访客会定期到这里居住，所以此次翻新工程的目标便是尽可能扩大海景视野，同时创造出一种开放、休闲的氛围。

在原来的室内布局中，石膏灰胶纸夹板制成的墙壁将两个卧室与起居室分隔开来，这些墙壁与连续的幕墙分离，从而使原本宽阔的视野被一分为三。当前的主要目标是释放整个幕墙的宽度，使得人们可以一次将所有的窗户收入眼底，同时再采用不同的材料和颜色制造出一种室内延伸至室外的感觉。

为了实现这种开放形式同时又保留卧室，建筑师设计了两座可变形的“墙壁”，一座是移动墙壁，另一座是旋转墙壁。它们提供了一种动态、自由的空间构成方法，使卧室与主起居室合并成一体，使空间变得更大，而且这两部分还可以分享窗户带来的良好视野。

客房中有一个储物壁橱隔断墙，这座墙悬挂于天花板，可以从活动墙壁中滑出，从而形成一个卧室。当它们折叠关闭起来后，这个空间又变成了起居区域的一部分。通过一个可移动的曲柄驱动装置可以操控墙壁，其内部包含有抽屉、悬挂空间和通往卧室的门，同时还可以把安装在活动墙壁上的折叠床隐藏起来。主卧室中设有一座10英尺宽、与楼层同高的旋转墙壁。当墙壁打开时，从起居区域可以直接看到窗户，同时这也保护了卧室的私密性。

房屋的角落均作了圆角处理，从入口处开始一直到手动旋转墙，制造出一种空间的连续流动感，提升了公寓的纵深感。

主卧室中的床和悬臂式书桌采用了3D设计，并采用坚实的泡沫塑料块制成，辅以钢材、铝材进行加固，其表面采用了玻璃纤维并进行了漆面处理。这种处理效果会使人联想到冲浪板，这与周边的环境和客户的冲浪爱好刚好契合。书桌被锚接于贯穿该楼层的钢柱上，钢柱在机械安装时已经提前嵌入楼层板中。床由一个变异的花型床基和一个矩形床板组成。床的背面和形状十分重要，因为光滑的树脂地板会将它们反射出来。床是房屋地板上最为松散的一件家具。

室内的装修材料都经过精心挑选，目的就是为了增强景观效果，把海洋、天空和沙滩吸纳到房屋的内部：蓝色树脂地板具有沙子般的质感且表面光滑，半透明的窗帘更加强了蓝色墙壁和镜面白色墙壁对大海的反射。室内装修采用了暖色调并配以红木镶板，与靠海一侧明亮的装修形成了对比，凸显出一种稳重感。

建筑设计：
Slade建筑事务所
总承包商:
Edward Nieto设计集团
移动墙单元生产商:
Jesus Tejedor
视听立体声:
Red Rose (纽约) / Interseckt (迈阿密)
玻璃纤维桌、床：
Slade建筑事务所(设计) & Tom McGuire
(生产制造)
Fusion地板
窗帘幕布:
Deco中心
家具装饰:
Slade建筑事务所

室内的装修材料都是精心挑选，目的是增强景观效果，把海洋、天空和沙滩吸纳到房屋的内部：蓝色的树脂地板具有沙子一般的材质且表面光滑，半透明的窗帘更加强了蓝色墙壁和镜面白色墙壁对大海的反射。室内装修采用了暖色调并配以红木镶板，与靠海的一侧明亮的装修形成了对比，凸显出一种稳重感。

UID architects

乡间住宅

日本，广岛县，福山市

图片: 上田藤原

该项目的所在地处于广岛县福山市的一片宁静祥和的乡村环境中，这里位于临近的高山脚下，面朝一片宽阔的平原，平原主要用于农业生产。该项目的设计目标是为一对年轻夫妇设计一处居所，其日本设计师前田启介是UID建筑事务所的创始人。年轻妻子的父母已经在这座新建居所的建筑用地上生活了一段时间。

建筑所在地的地形水平高度不同，之前建造的石墙露台已经充分利用了这一点。而这一特点对于确定建筑物不同的内部功能也有巨大的帮助。它们使得不同的区域之间自然地分隔开来，并制造出一种迷宫般的室内环境，这与更为标准的住宅类型完全不同。装修完毕的房屋将此地原有的树木也一并吸纳了进来。

在房屋的西侧，建筑师按照不规则的角度设置了一组百叶窗，充当起室内和室外的缓冲，把光线引入室内，并在室内与周边自然环境之间建立起一种柔和的连接。此外，在需要的时候还可以透过这组百叶窗看到毗邻的年轻妻子的父母所居住的房屋。

这一过渡性的空间将起居室与半敞开式的餐厅和厨房连接了起来。凭借着宽阔的抛光表面、百叶窗和碎石铺设的地板，空间整体展现出一种外在的美感。

建筑师采用木料作为主要的外部装修材料，这是为了与石质墙壁天然质感融合起来。木料的乡土气息传递出墙壁的年岁，也展现出房屋周边田园风光的静谧。凭着其质感和长期的耐久性，雪松板被用于外立面装修。该木料经过特殊的干燥处理，将含水量降低至15%以下。这种处理极大地提高了木料的硬度并降低了基础张力。木材的表面凸显出一种丰富的质感，这是借助连接不同木板间的横木而形成的。

建筑设计：
UID建筑事务所
首席建筑师：
前田启介
总承包商：
冲田范和
结构设计：
田中章
景观设计：
善次桥本龙太郎
机械系统：
片山克所

房屋利用了现存的石柱，使得不同楼层各不相同，可以各自设计室内功能和布局。

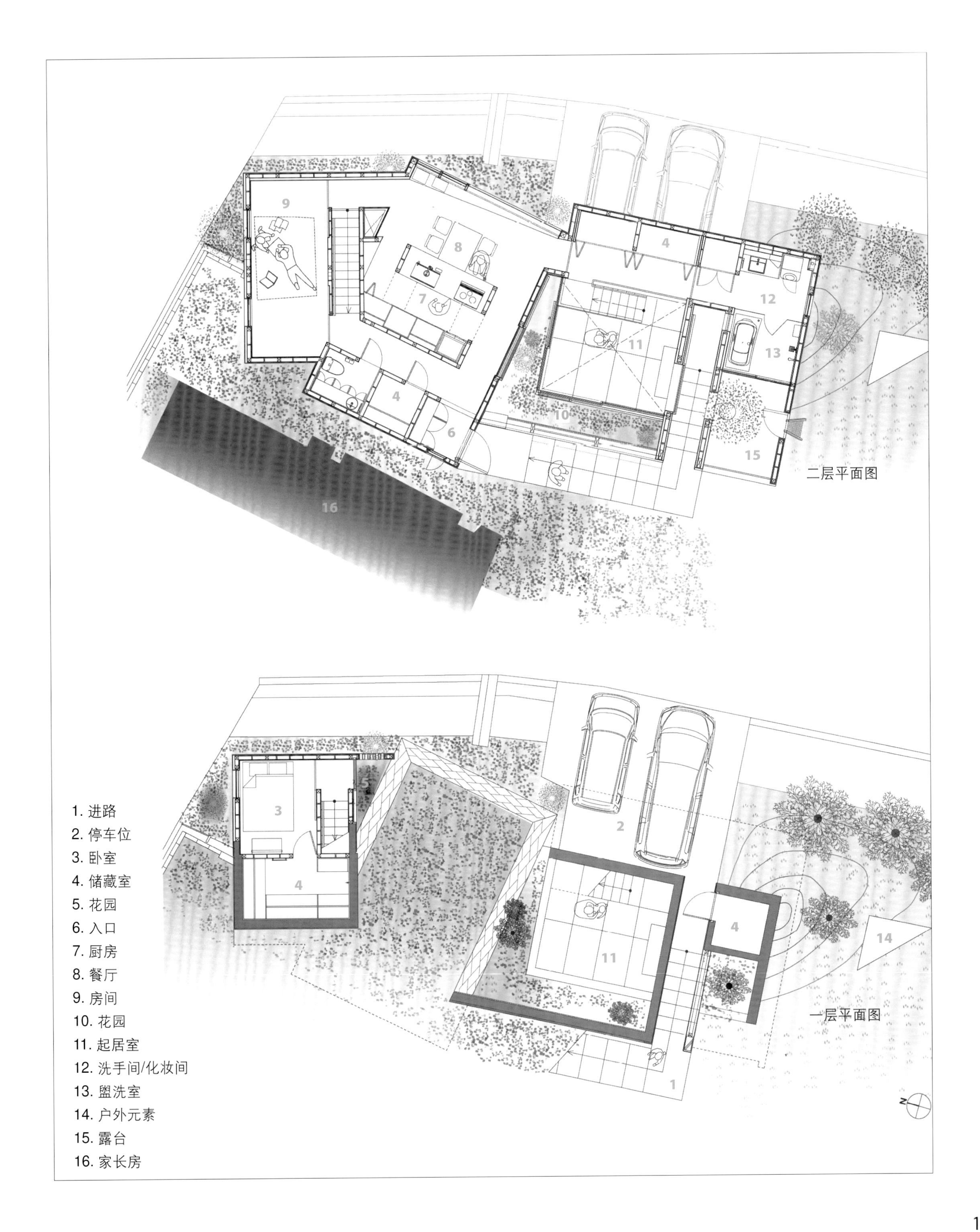
二层平面图
一层平面图
1. 进路
2. 停车位
3. 卧室
4. 储藏室
5. 花园
6. 入口
7. 厨房
8. 餐厅
9. 房间
10. 花园
11. 起居室
12. 洗手间/化妆间
13. 盥洗室
14. 户外元素
15. 露台
16. 家长房

人们通过餐厅的全景窗，能够看到屋外的乡村景色，此外连接着餐厅的厨房工作区也同样可以享受到这一美景。

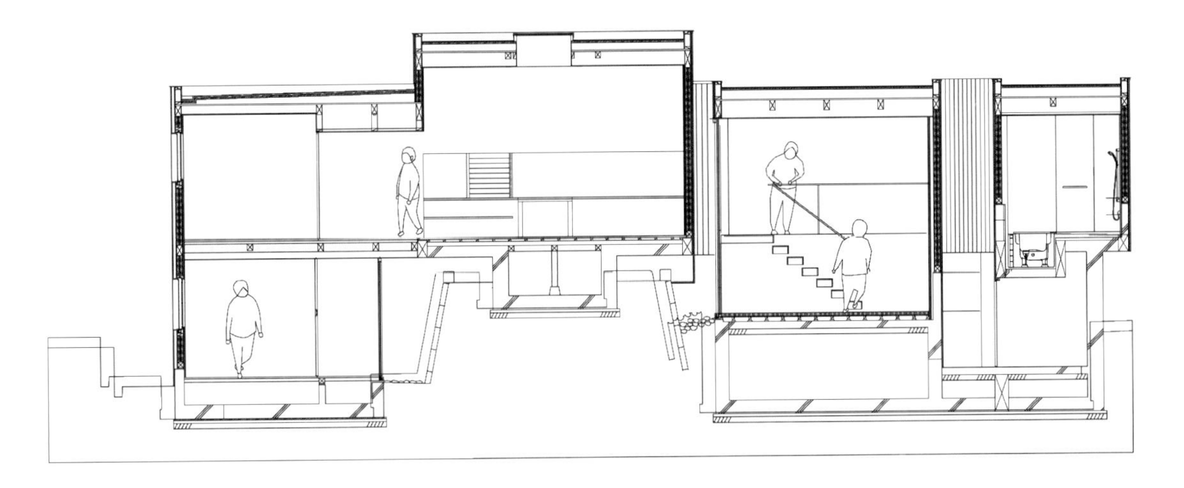

Edwards Moore

卡比 (Cubby) 住宅

澳大利亚，墨尔本

图片：Edwards Moore

建筑设计：
Edwards Moore

建筑设计师爱德华兹·摩尔（Edwards Moore）采用了诸如OSB的特殊材料和独特的角度创造出了一个畅通、宽敞、明亮、现代的室内空间。现存的公寓俯瞰着一个公共泳池，而建筑师的目标是对这个公寓的内部空间进行扩张增强。该建筑名叫卡比住宅，设计师去除了墙壁和门的空间，使得室内平面变得更加灵活、稳定。在房屋内增加的一个上层楼面中包括了一个卧室和一个盥洗室。

房屋低层的设计包含有更多的公共功能。爱德华兹·摩尔抬高了原来的天花板，使得室内可以加入一个抬高的厨房平台，这个平台是室内楼梯的第一层阶。楼梯从厨房平台后部开始环绕并沿着配有窗户的墙壁延伸，一组规则的柱子为其充当支撑，而从室外则能看到楼梯投射出的有趣阴影。大厅入口的内部放置了一个金色的盒子，可供放置红酒，同时也为卫生间提供了一个私密屏障。

房屋上层的新增部分由钢结构建成，而这个双倍高度的室内空间的天花板上则裸露出部分钢结构。房屋的顶层充满了透过天窗射进来的光线，同时透过窗户还可以俯瞰外面的泳池。卧室的衣柜创造了一条从楼梯通往盥洗室的通道。盥洗室中的玻璃面板反射着来自圆形天窗的自然光，从而增强了整个空间的自然光感受。卧室的衣柜外面包裹着三条OSB面板，还配有一个金色的反光前面。

通过旋转衣柜可以创造出一个小书房或小客房。上层楼面还设有一个室外露台，与卧室空间紧密地连接起来，从而增强了房屋的自然通风。

爱德华兹·摩尔在卡比住宅的室内空间中采用了高度抛光的锐利协调，与室内粗糙的表面质感形成对比。对于天然木材上的少数渗透色斑，设计师坚持采用非常中性的颜色加以修饰。室内装修材料选用了涂有石灰的可回收木材、OSB、剑麻、澳大利亚硬木，而地板则采用了白色混凝土。

DANGER DEEP WATER
AQUA PROFONDA

DANGER DEEP WATER
AQUA PROFONDA

DEEP WATER
PROFONDA

该项目的建造采用可再生材料，其设计将室内空间转变成具备多种服务功能，并且采用了反光表面设计，从而增加室内的自然光线。

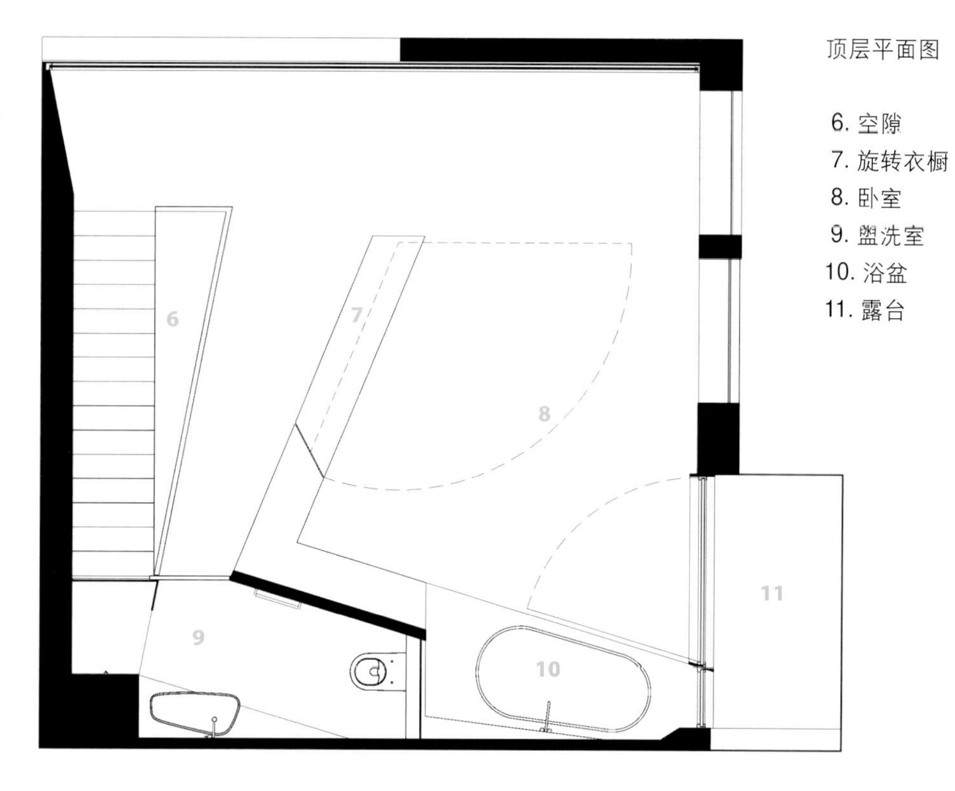

顶层平面图

6. 空隙
7. 旋转衣橱
8. 卧室
9. 盥洗室
10. 浴盆
11. 露台

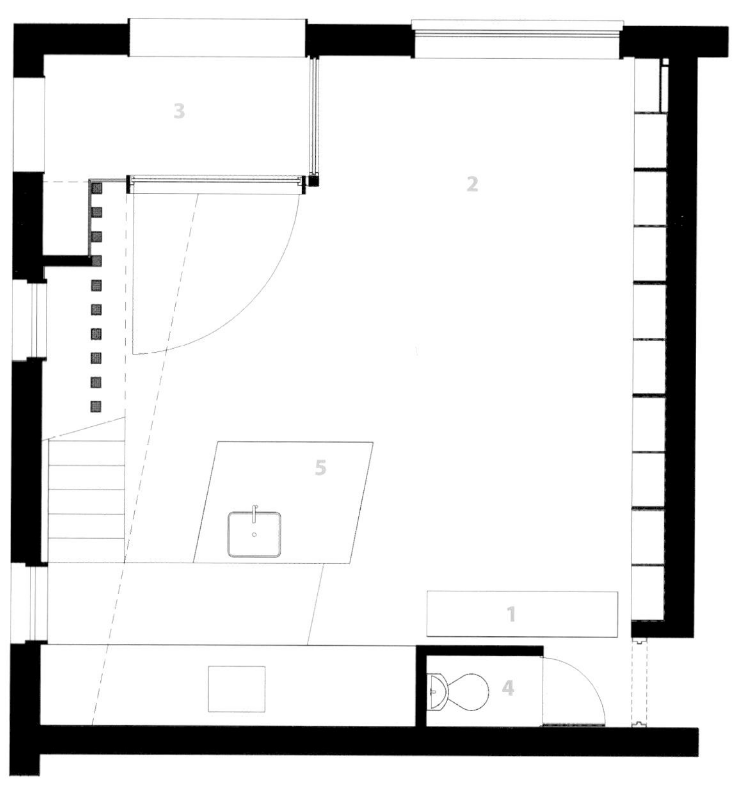

一层平面图

1. 可滑动的反射箱
2. 起居空间
3. 庭院
4. 卫生间
5. 厨房

新的钢制构件为房屋结构创造了新的屋顶形式，其中有一个双倍高度高度的空隙贯穿整个房子直达新屋顶的天窗。剩余的部分则裸露着，钢结构和支架与新屋顶结构形成了一种变化。

Smith-Miller + Hawkinson

格林伯格阁楼

美国，纽约

图片：Matteo Piazza

这个设计项目内容就是一系列的干预，通过特别强调对细节和实质的关注度，使得每一项干预都能为一组独特的当地环境而服务。

坐落于曼哈顿加门特区的一座无名混凝土建筑的顶层，这座房屋不仅是其所有者的住所，同时还放置着最大的“界外艺术”私人收藏品系列。设计师对玻璃、混凝土、黑钢的简洁审美以及在室内细节中尽可能少地采用木材，使得原本的室内环境发生了巨大的变化。同时，阁楼现存的混凝土外壳被当做一个可以重新改写的新作品。

这个用于陈列艺术收藏品的区域经过改造后，又增加了居住的功能。考虑到房屋主人对该区域有着不同的需要，设计师提出了“跨功能”空间的理念，并通过灯光照明、大型（或移动）门和机械化天窗罩来得以实现。

考虑到现存室内空间的截面约束，新增的夹楼采用了钢筋混凝土建造。房屋朝北的天窗井得以恢复，为人们提供了极佳的城市景观。采用玻璃和钢材制成的新扶手沿着单薄的结构悬吊条安装了起来，为夹楼提供支撑。

建筑设计:
Smith-Miller + Hawkinson建筑事务所
协调人:
Henry Smith-Miller，Eric Vand De Sluys，Maria Ibañez de Sendadiano
主建筑商:
Martin Myers建筑公司

IN RED
S. WITH
OGS
IAM L. HAWKINS BORN

主平面图

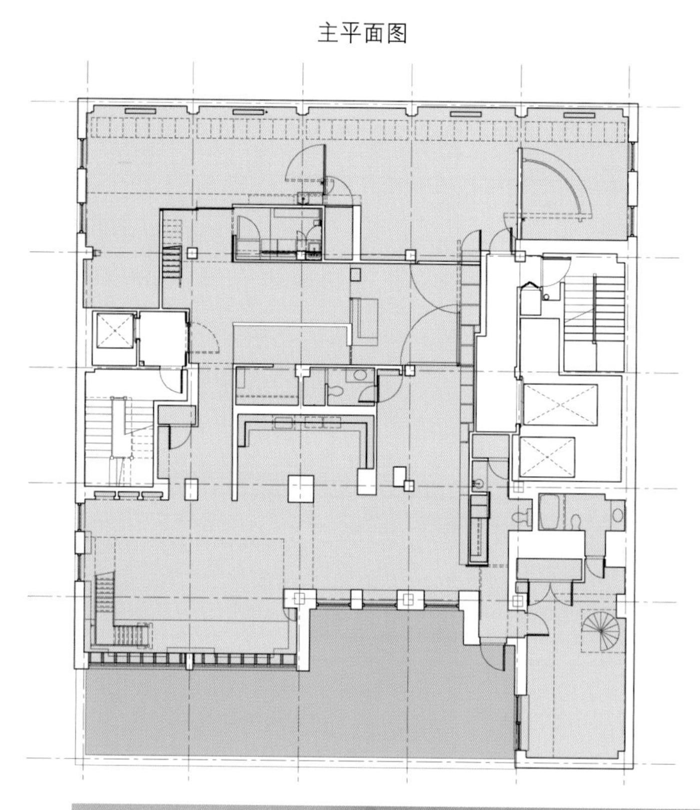

放映室的门隔墙平面图

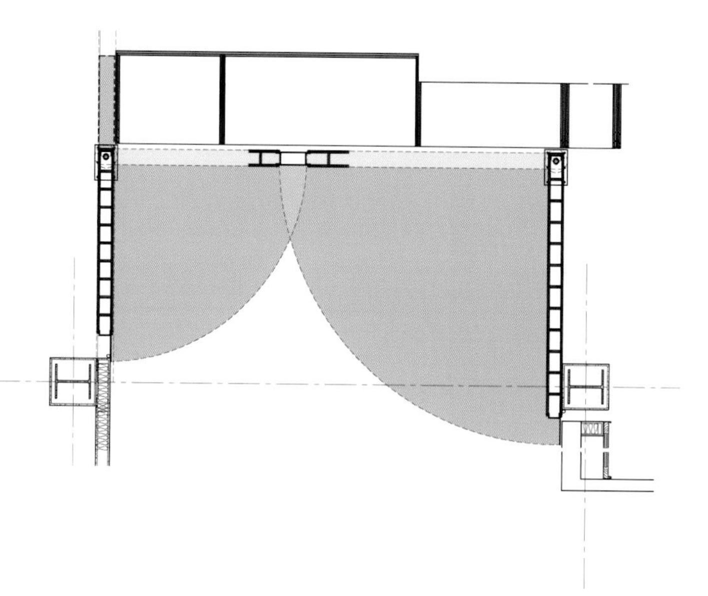

夹楼

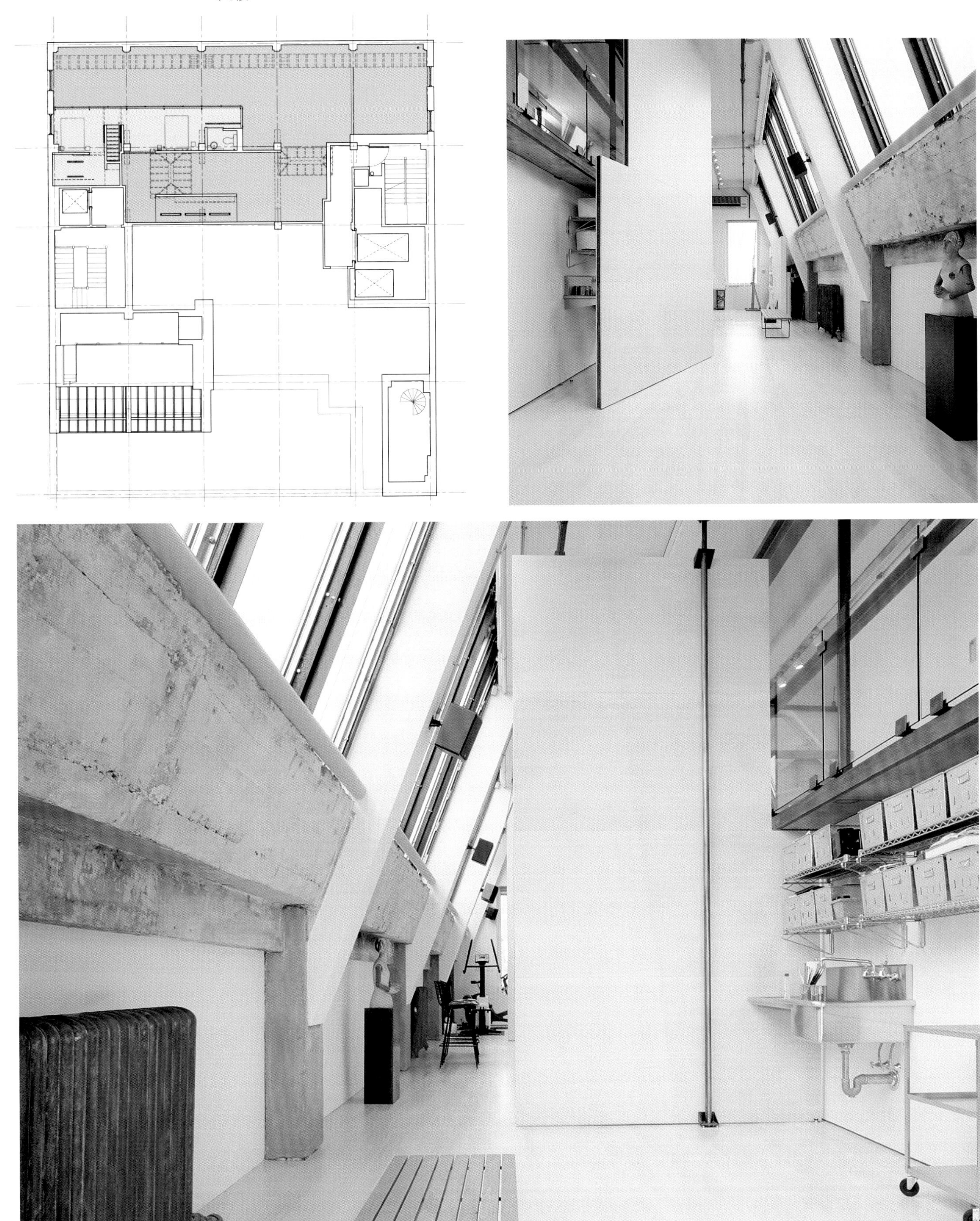

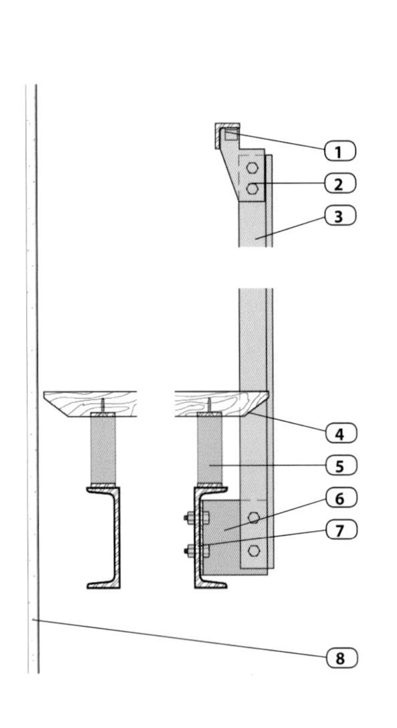

夹楼的楼梯立面图

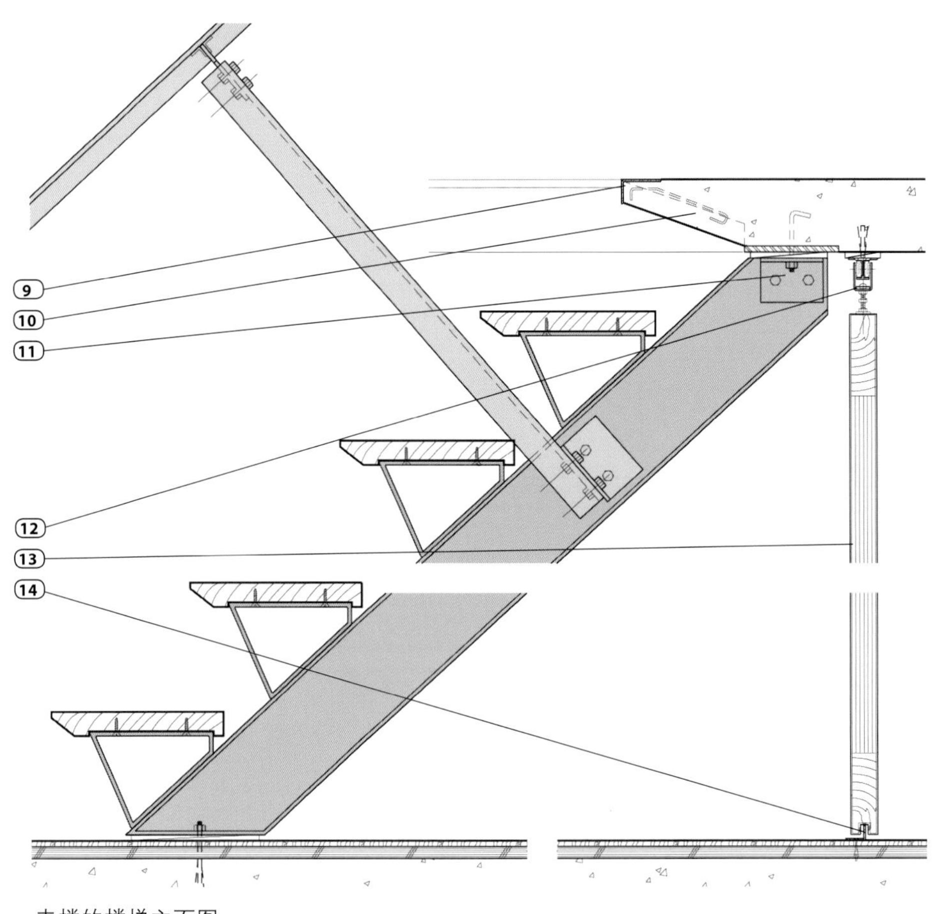

夹楼的楼梯立面图

1. 1 1/2英寸x1 1/2英寸x1/4英寸黑色角钢栏杆
2. 1/4英寸钢栏杆网
3. 2英寸x2英寸x3/8英寸钢柱
4. 1 1/2英寸坚固的枫木踏板
5. 2英寸x1/4英寸护顶钢板
6. 4英寸x3英寸x1/4英寸钢夹栓接至槽钢
7. C8x11.5槽钢
8. 石膏墙
9. 1 1/2英寸x2 1/2英寸x1/8英寸嵌入钢板
10. 具有锥形护沿的混凝土板
11. 4 英寸x 4 英寸 x 1/4 英寸x 4 英寸角钢，栓接至槽钢并连至嵌入板
12. 预设的门轨道
13. 1 1/2 英寸枫木单板推拉门叶
14. 3/4英寸x3/4英寸x1/8英寸钢制门导轨，栓接至地板

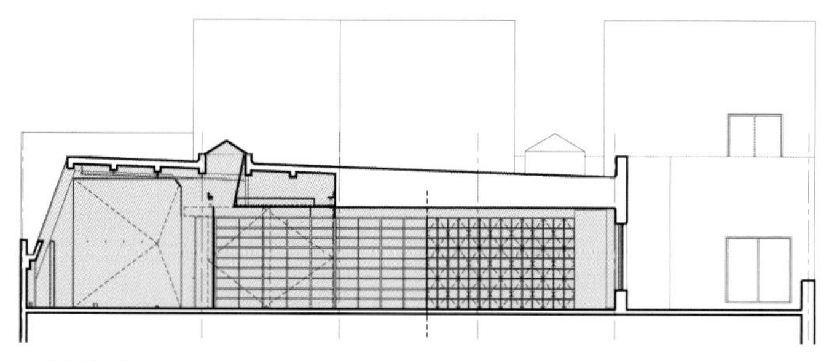

穿过放映室的立面图

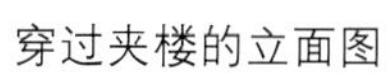

穿过夹楼的立面图

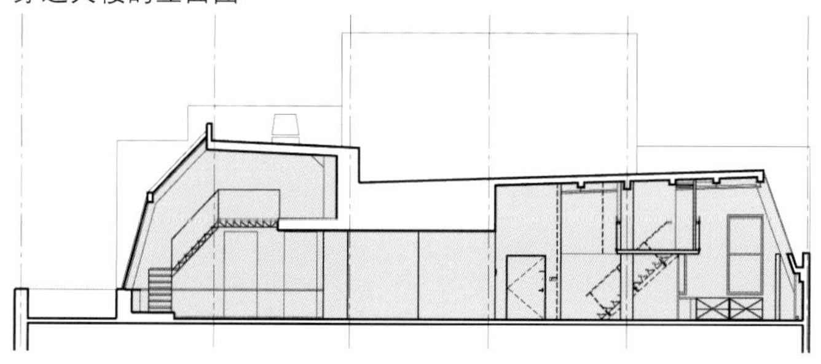

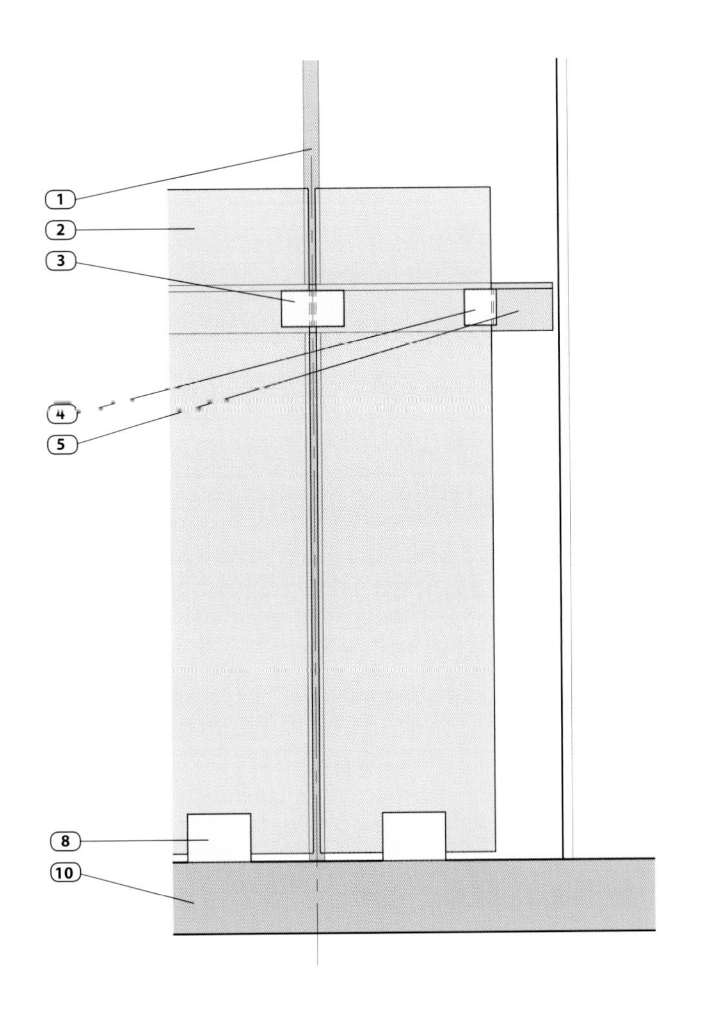

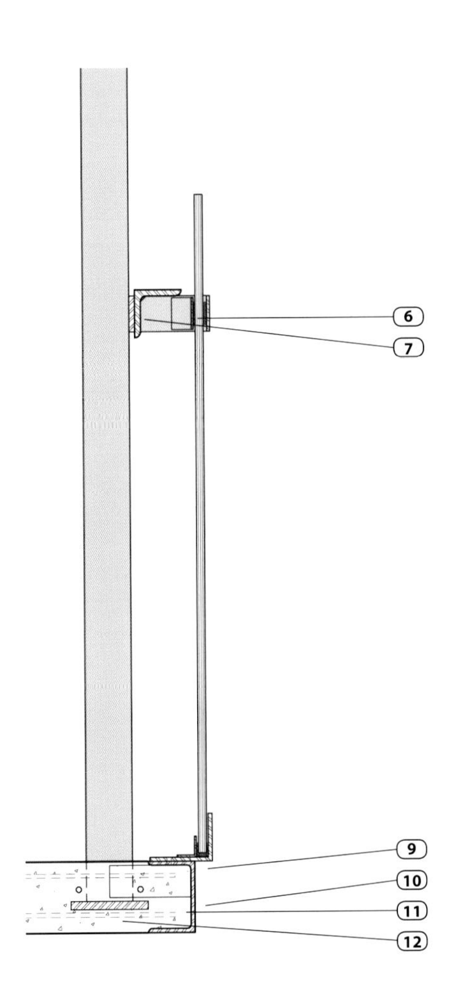

1. 1英寸 x 3英寸黑色钢悬柱
2. 1/2 英寸钢化玻璃
3. WT 5英寸 x 6英寸 x 2 1/4 英寸焊接于钢夹
4. 5英寸 x 6英寸 x 2 1/4 英寸角钢(与钢夹焊接在一起)
5. 3英寸 x 3英寸 x 3/8 英寸角钢栏杆
6. 1 3/4英寸 x 1 3/4英寸 x 1/8 英寸钢夹
7. 3/8 英寸厚度的钢垫板
8. 3英寸 x 4英寸 x 1/4 英寸 x 4 英寸角钢
9. 13/4英寸 x 1 3/4英寸 x 1/8 英寸钢夹
10. 4英寸 x 13.8 英寸槽钢锚定于水泥之上
11. 2英寸 x 1/4 英寸钢带
12. 5英寸 x 1/2 英寸钢锚板
13. 3/4 英寸淡棕色石膏墙壁后盖
14. 滑动门通道的外延

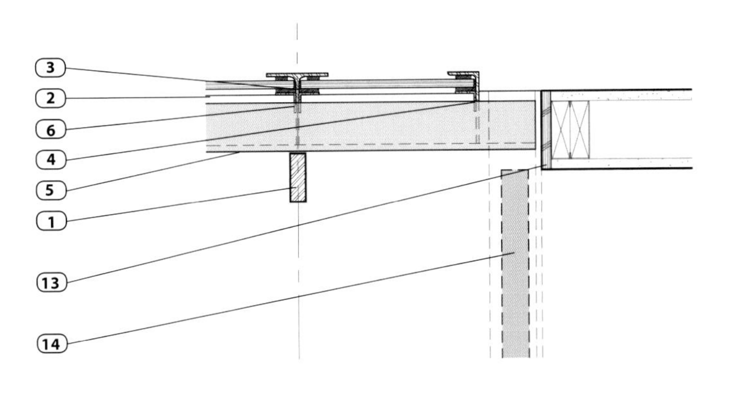

夹楼栏杆平面图

Claesson Koivisto Rune

No.5住宅

瑞典，纳卡

图片：Åke Elson Lindman

这个项目的目标是为一名美术设计师（客户自己设计了No.5的标志）及其家人设计一个结构简单、室内外同等重要的住宅。这个设计最终变成了一个几何体，就像是一个有着一连串开口的盒状体，或是一个有着一连串闭合的开放空间。

施工方法是以建筑材料标准尺寸为基础建造一个栅格，然后将其叠加到基础的盒状结构上。这个栅格被用来作为房屋建设基本的房屋结构，包括三个卧室、一个盥洗室、一个配有厨房的较大的起居/就餐空间。每个主要房间的四面墙壁中，有一面为纯玻璃幕墙，这样可以让自然光照射进室内，使得室内与室外的界线变得模糊。卧室与起居区域基本上朝着同一个基点敞开，这就意味着每个外立面上都会有一个开口。尽管卧室比较狭小，但是其周边的景观都变成了该空间的组成部分，从而给人一种宽阔的感觉。盥洗室的墙壁上没有开窗，仅在屋顶开设了一扇窗户。一座玻璃门道从起居区域开始延伸至一个建有部分围墙的露台，这样便创造出一个室外房屋，它一头朝向天空敞开，另一头则向周边的景观敞开。

建筑设计：
Claesson Koivisto Rune建筑事务所

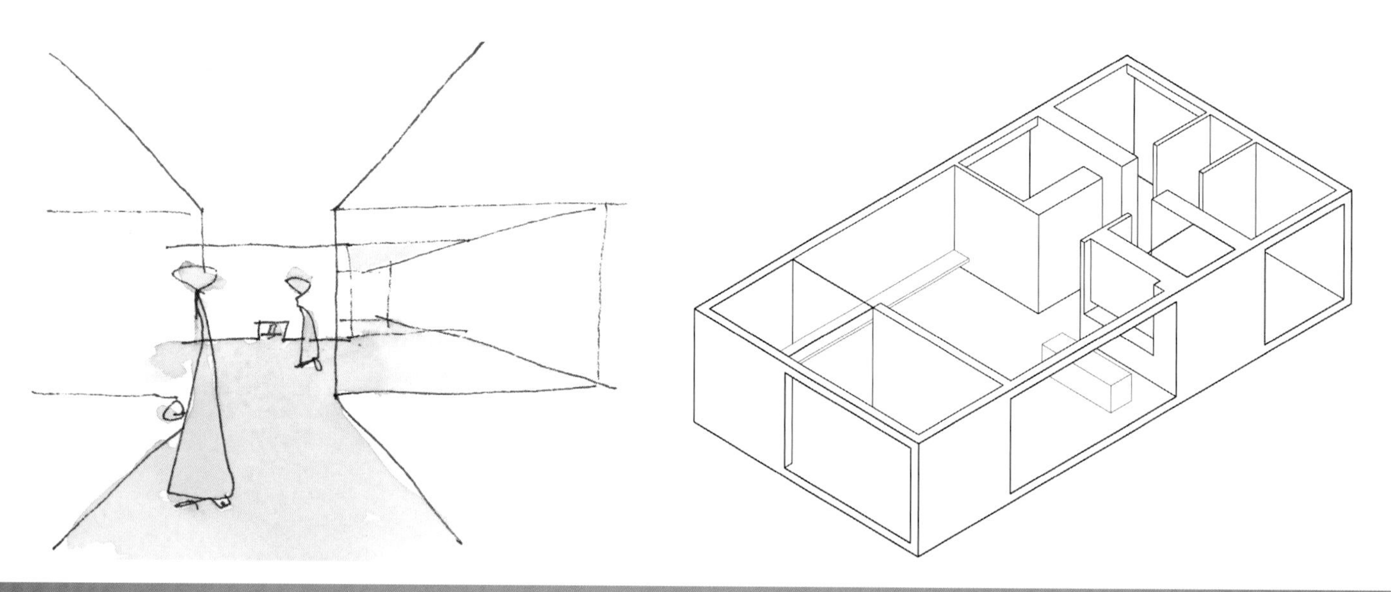

5

平面图

1. 入口
2. 卧室
3. 主卧室
4. 厨房
5. 客厅
6. 露台

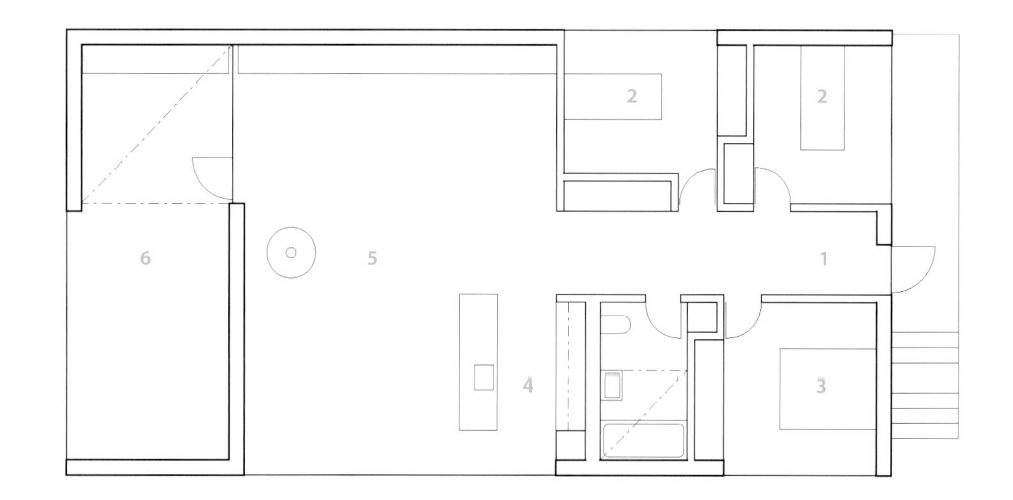

Echoes

Christian Pottgiesser

布什圣路易斯街24号

法国，巴黎

图片：Luc Boegly

这块建筑区域面积较小，只有30多平方米（323多平方英尺），而且其四面之中有三面半都被毗邻建筑的无窗墙所环绕，这种情况限制了获得自然光的可能性。在剩余的一面，一座巨大的五层建筑给人造成十分不舒服的观感。建筑师通过三个关键部分制造出一个整洁有效的中心区域。第一部分是一个巨大的玻璃结构形成的区域，该结构配备的通道门可以连接着一个小庭院，从而令室内获得了充足的自然光线。第二部分是沿着周边的无窗墙建造了一条“带状”建筑构造，包含有许多日常起居功能。此外，该建筑构造中设有许多凹室用于就餐、休闲、阅读、盥洗等等。这一区域的尽头设置为卧室。最后一部分是配有空间的悬空弯折钢筋混凝土表面，它与公寓的侧面墙分离，让一条条自然光束溢入公寓室内。这个结构形成了一个通道屋顶，同时也遮蔽了不良的景观。

建筑设计:
Christian Pottgiesser建筑事务所

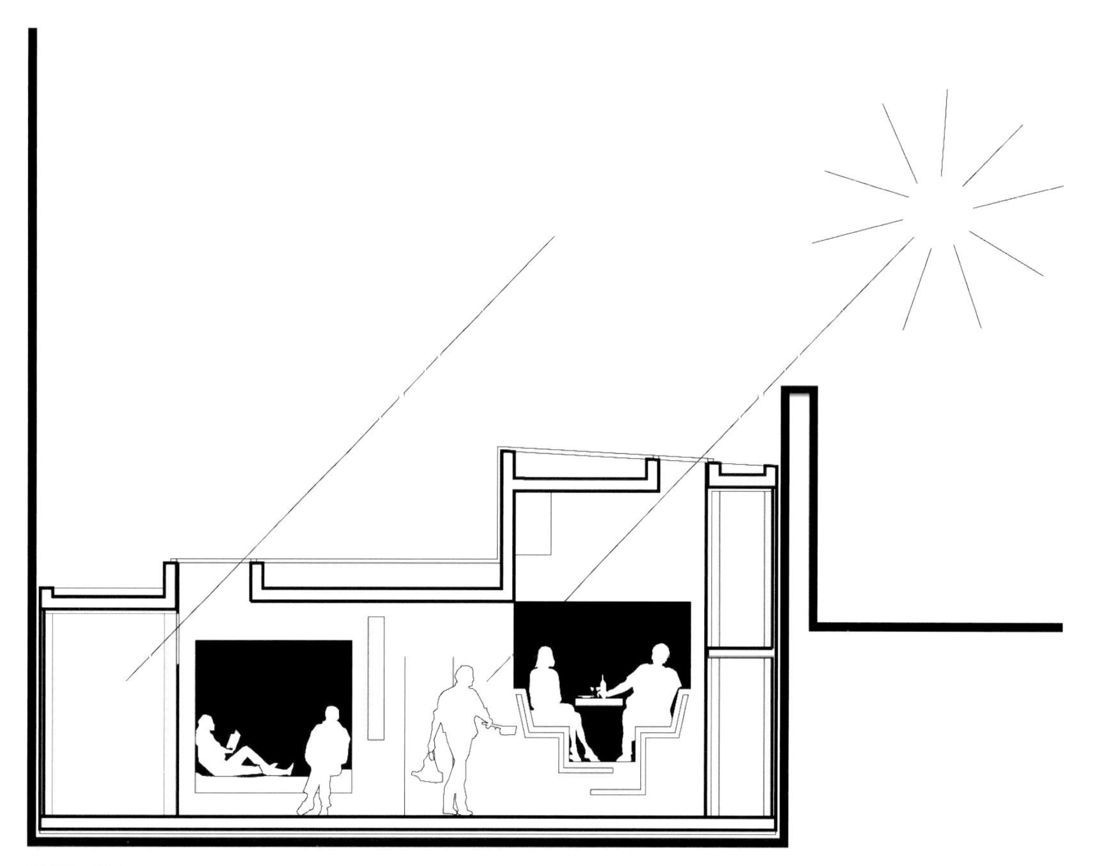

纵剖面图

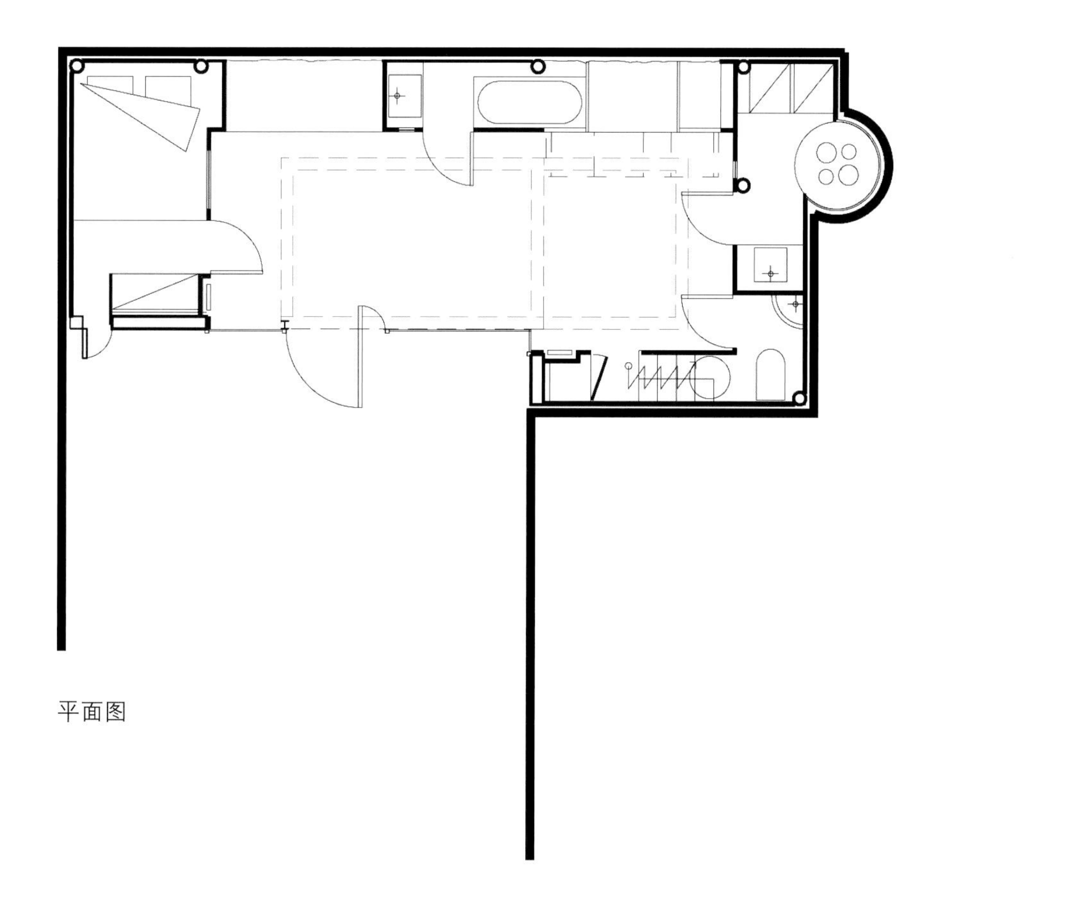

平面图

TEMPS DENSES
MICHEL CASSÉ
DU VIDE ET DE LA CRÉATION

FLOS CONTRACT WORLD PROJECTS

Platform 5

马普迪恩 (Mapledene) 路住宅

英国，伦敦，哈肯尼

图片：Alan Williams

建筑设计：
Platform 5 建筑设计事务所
结构工程：
MBOK

马普迪恩路住宅位于伦敦东部地位日渐重要的哈肯尼（Hackney）区的保护区域。这座住宅的露台有一部分采用的是黄色的伦敦砌砖式结构，在伦敦的这个区域该形式非常典型。这次翻修被认为是一种对于当前景观的介入并为其增添新的元素，重新赋予该建筑活力，恢复房屋室内原本的舒适与朴素。多孔的房屋一层完全敞开并向后部延伸，使得内部空间相互交融并伸向花园，增强了室内与室外的联系，也使得房屋后花园成为了一个新增的起居空间。尽管如此，住宅一层的原有布局绝大部分被保留了下来。

房屋的每一个房间都保留了其极为独特的特点，每一个进入该房屋的人都会获得丰富的体验。厨房和庭院区域通过一个抹面混凝土楼板连成了一体，而伦敦风格的普通砖墙使得室内空间具备了室外的风格。原来的侧面墙被拆除后，厨房充当起这些粗糙砖砌墙的内衬。一面现代风格的樱桃木边框玻璃凸肚窗融入了花园，它又和维多利亚湾并行排列着融入了街道。

厨房的巨大玻璃屋顶提供了宽敞的天空视野，室内的人可以看到从头上飞过的飞机和向下俯冲捕捉苍蝇的飞鸟。屋顶将日光带进室内，照亮了先前黑暗的室内空间。墙壁、地板、屋顶、玻璃和室内设备均升级为现代标准，将其保温性和效能最大化。通过周边建筑和树木的遮蔽、高吸热材料、阳光控制的玻璃和百叶窗，使得厨房避免了过高的室内温度或刺眼的阳光。

马普迪恩路住宅进入了RIBA奖、英国园林设计奖、建筑师杂志小项目奖的候选名单。此外，新伦敦建筑针对伦敦的扩建工程举办了名为《没有移动的改进》评选比赛，该项目获得了最后的冠军。

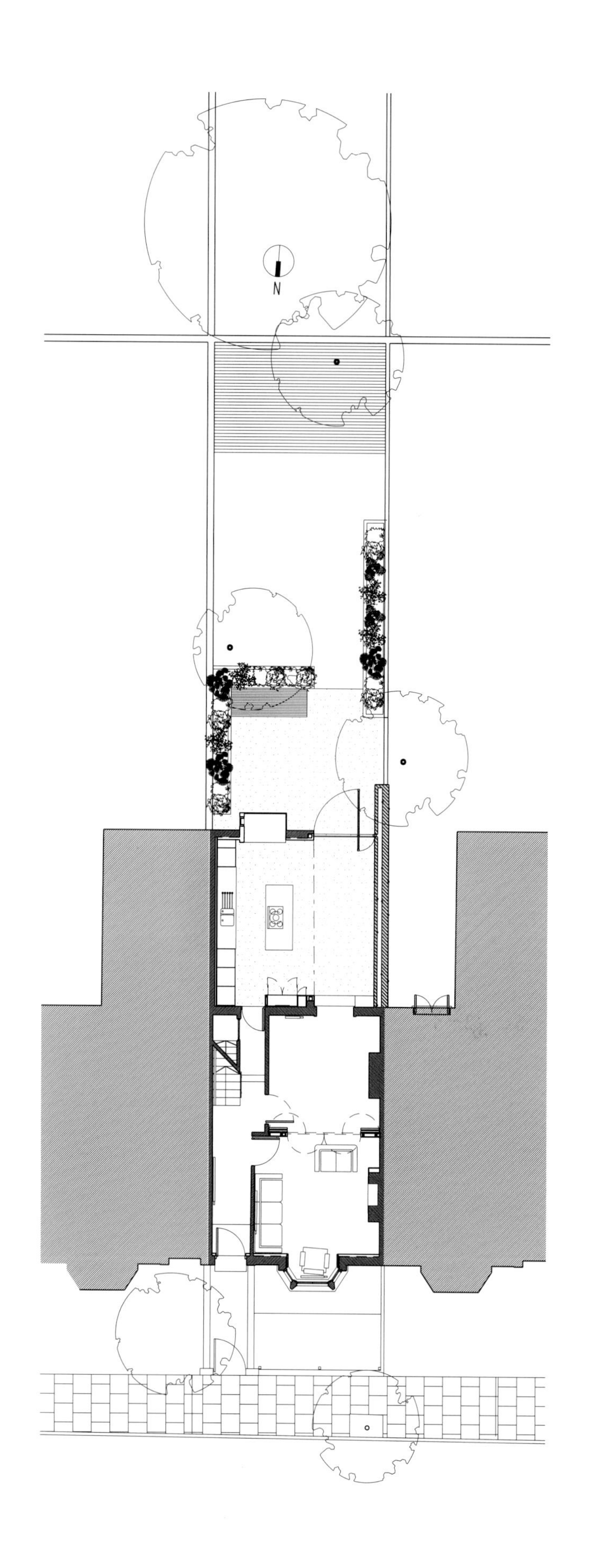
N
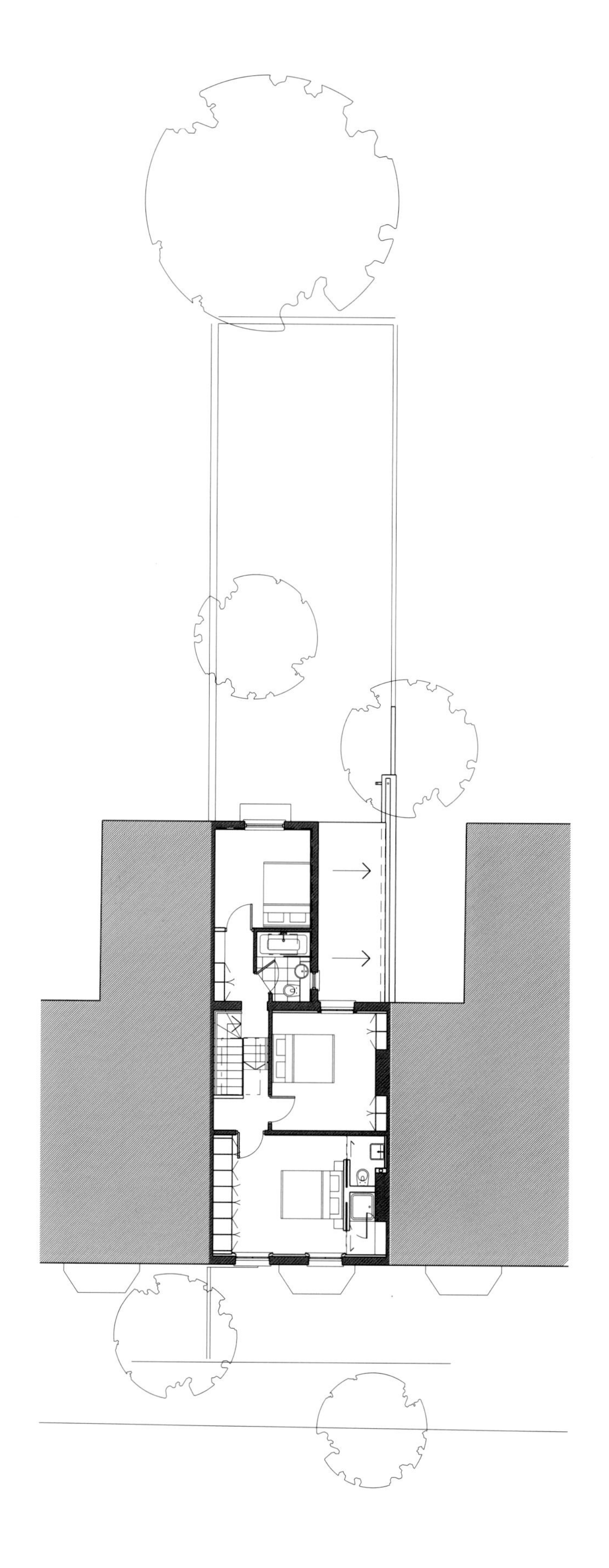

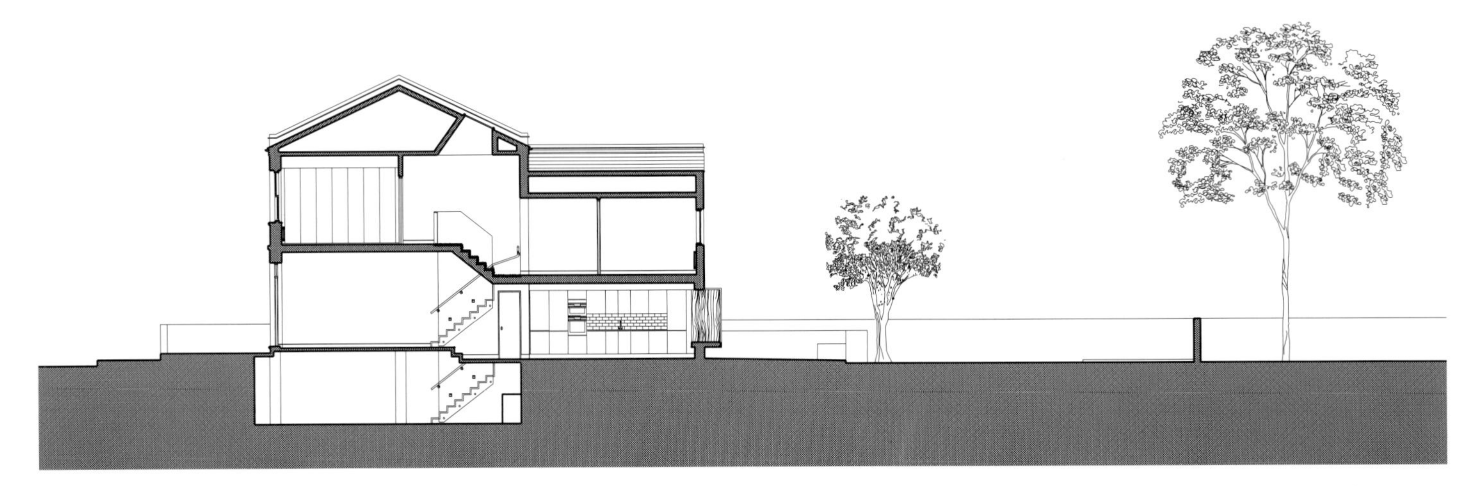

餐厅的墙壁利用了后院原本的裸露砖墙，同时房屋的这一部分镶嵌了大量的玻璃，使得室内与室外的界限变得模糊。

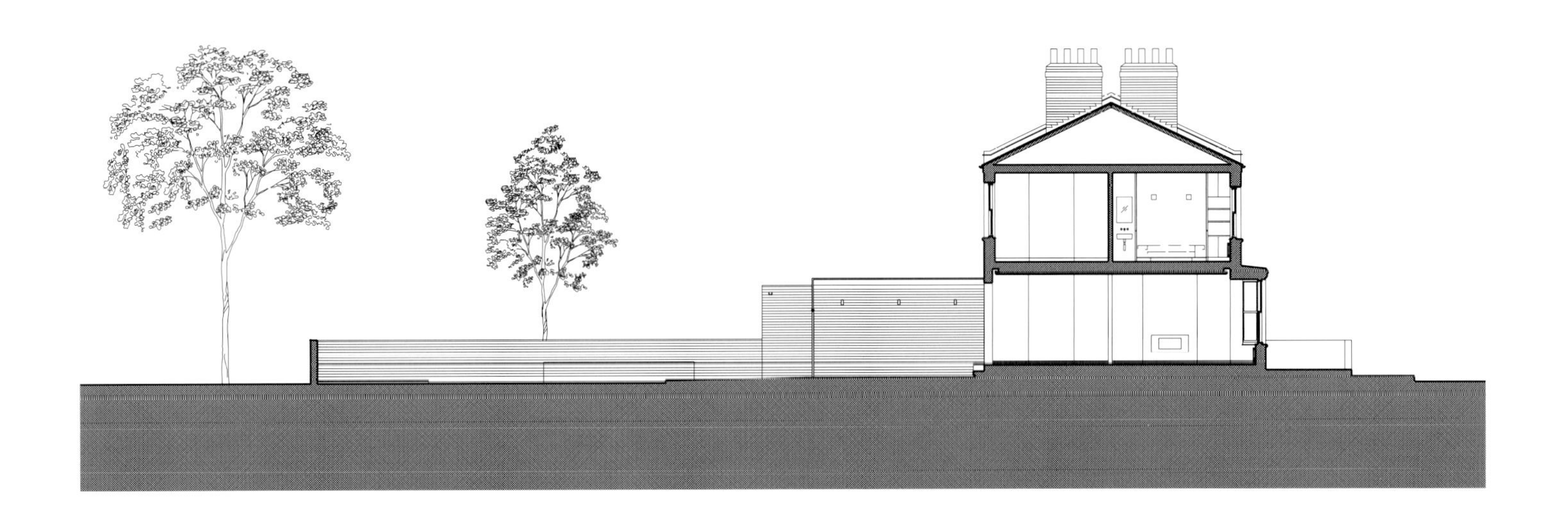

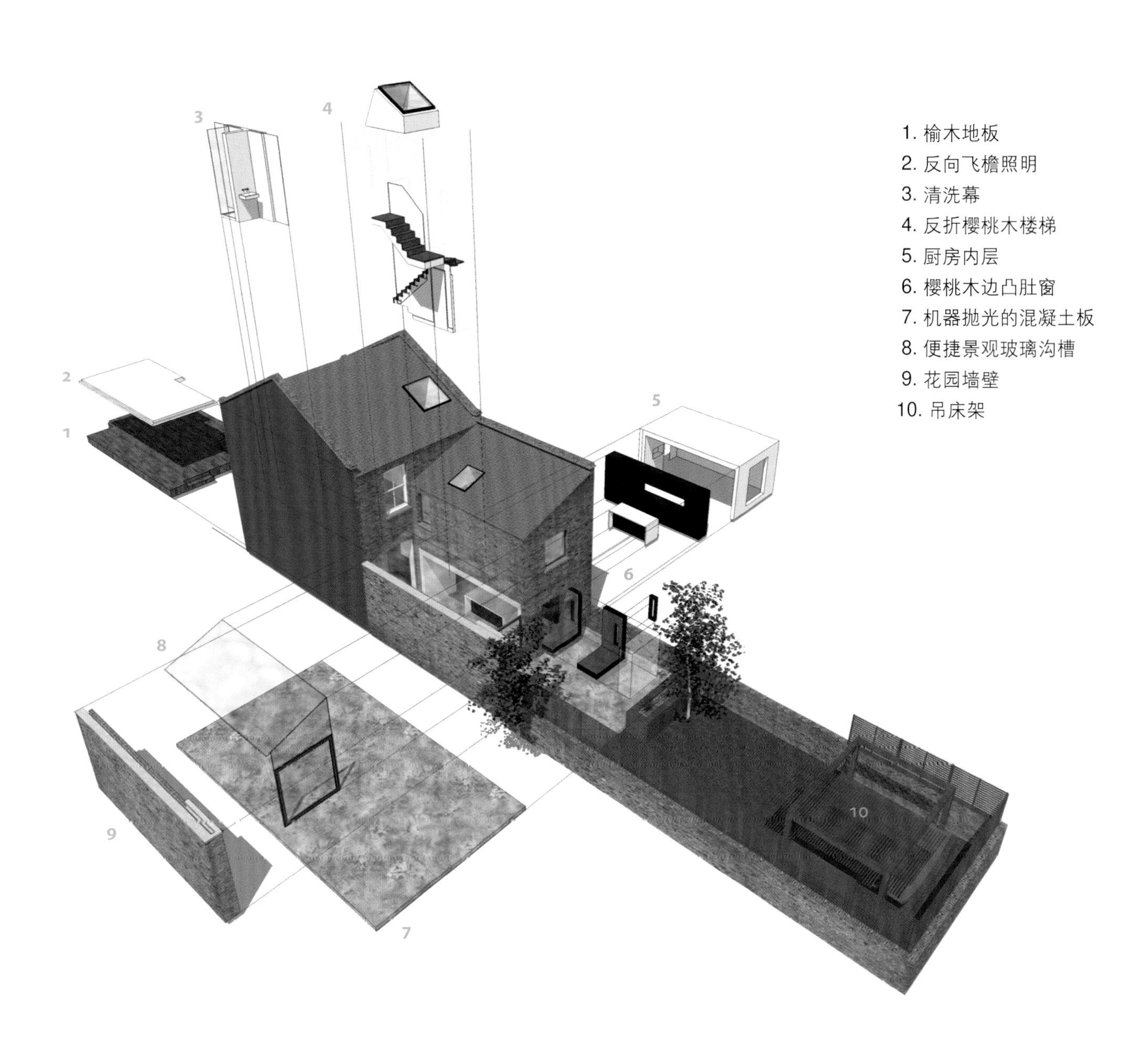

1. 榆木地板
2. 反向飞檐照明
3. 清洗幕
4. 反折樱桃木楼梯
5. 厨房内层
6. 樱桃木边凸肚窗
7. 机器抛光的混凝土板
8. 便捷景观玻璃沟槽
9. 花园墙壁
10. 吊床架

对所有的家具和装修的选择都遵循效率最大化，从而尽可能节约成本。

Adrià+Broid+Rojkind

F2别墅

墨西哥，墨西哥城

图片：Undine Pröhl

建筑设计：
Adrià + Broid + Rojkind建筑事务所

这座独栋住宅位于墨西哥城都市区域的郊外，在一块矩形建筑用地上设计出一个L形的住宅平面，从而获得良好的视野并避免周边房屋的遮挡。一个回旋轴心为房屋提供的图式结构，从入口一直到直线楼梯，将房屋的三个楼层连接了起来，这一部分位于住宅的一个侧翼。一个带有穿孔的混凝土“盒子”被插入到这个垂直体的两个轻质板之间，而这个盒子的不透明性和坚固形态与平面的透明性和轻盈形态形成了鲜明的对比，同时以此形成了整个房屋主体。房屋顺着地势的斜坡而建，因此将混凝土平面的一部分悬空后可以在夏季提供荫凉，而冬季则可以让阳光照射进室内。项目客户是一对计划组建家庭的年轻夫妇，他们要求自己的住宅能够足够开放，与房屋周边的自然景观较好地融合在一起，同时还不能牺牲住宅的私密性。住宅的入口/设施区域、起居室、餐厅都位于通道层，此外这里还设有一个影视放映室。卧室都位于房屋的上层，而书房和图书馆则位于房屋的下层。

在设计绘图和建模的最初阶段，建筑师异常重视设计的清晰性和坦诚度。该设计避免过多使用装饰物，而是在粗糙的基础上将装饰材料叠加，这也就意味着房屋的建筑结构部件组成了建筑外壳的一部分，而室内与室外也采用了相同的装修方法。通道层和屋顶采用了混凝土板，同时设计成反转的斜坡，从而增强了其轻盈感，这样便使得流线形的水平线更加突出。在房屋较低楼层靠近书房和图书室的区域中空余出一个平整的空间，这里长满了绿草，非常适合举行各类家庭活动和节日聚会。此外，该设计从视觉上将花园融入到住宅附近的联邦保护储备地中。在房屋的后面区域的一端设有一个室外按摩浴缸，同时还设置了一个天井被用作室外餐厅和水镜。在入口区域原有的一些树木被保留了下来：这些树木从混凝土板的穿孔中生长了出来，在房屋的入口通道处形成了欢迎树荫。

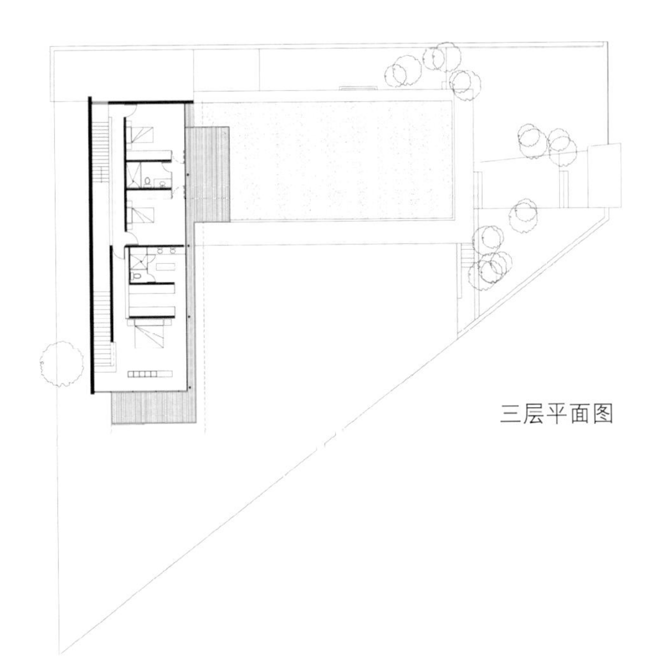

三层平面图

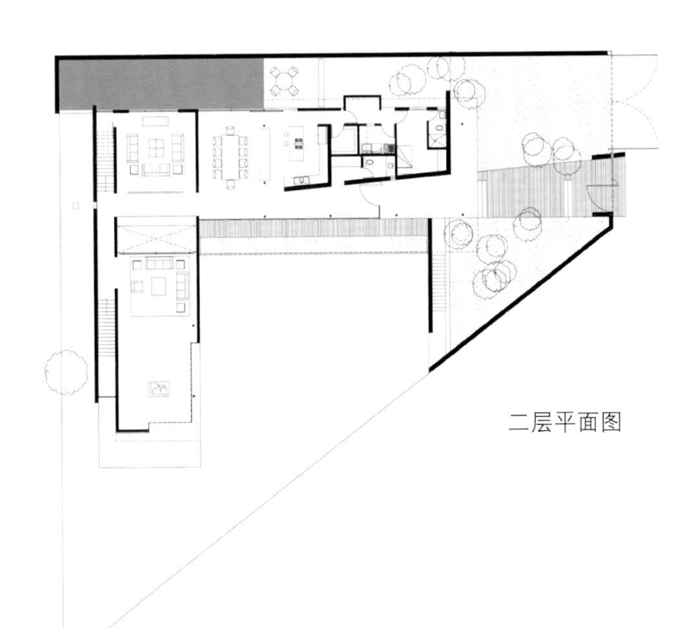

二层平面图

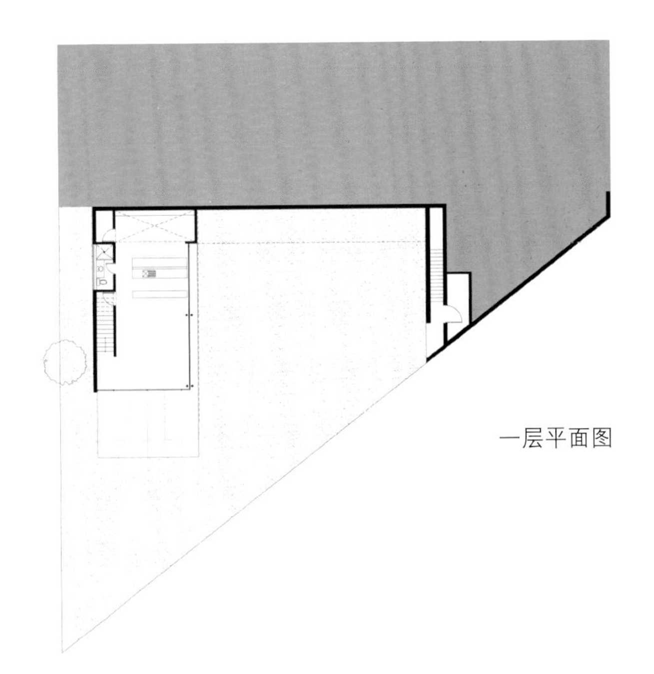

一层平面图

房屋的结构设计、材料和装修规格都采用了简洁的理念。需要特别注意的是木质模板，它们采用狭窄的松木板制成，能够给室内外的浇筑混凝土表面带来丰富的质感。

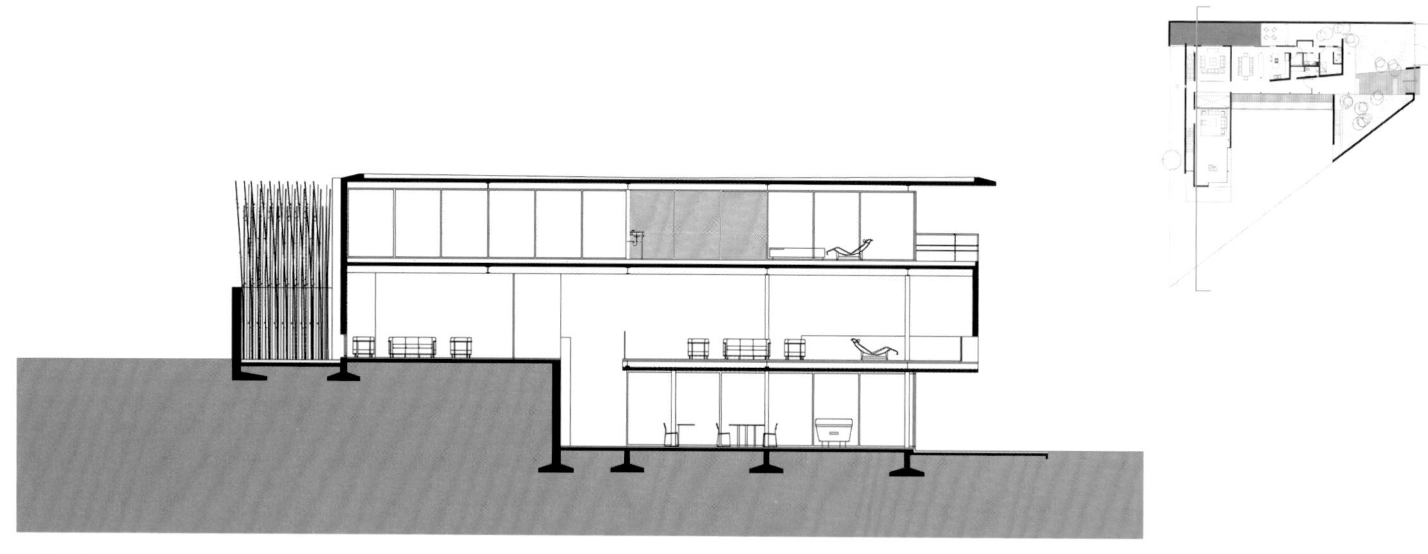

Marc
(Michele Bonino & Subhash Mukerjee) & Federica Patti, Martina Tabò

都灵的住宅

意大利，都灵

图片：Beppe Giardino

一对三十多岁的夫妇买下了一个优雅的角落公寓，这座公寓位于都灵市中心的一座19世纪建筑中。这座公寓非常宽敞，还朝向一个巨大的景观林荫大道，视野非常好。

设计师蔻埃克斯（Coex）在这个重建设计项目中面临的主要问题就是那个巨大、阴暗的入口：这里有一片连续水磨石地板，加工精美，客户十分喜爱，他们也希望把这里改造成一个舒适的功能性空间。但另一方面，这个入口区域没有窗户，根本无法获得自然光线。因此，设计师蔻埃克斯决定将这里变成整个公寓设计的核心所在。

入口被一个包含有"阴暗功能"的巨大空间体所占据，即一个淋浴间和储藏空间。为了保持此处地板的完整性，这个空间体从地板之上的一米处"飞越"过，而其内部的功能空间只能从背后进入。此外，该空间体同时也是房屋入口的一盏巨大的照明灯，整个楼层的照明都由它提供。为了充分利用这里的视野并增强公寓的空间感，设计师将客户要求的两个盥洗室进行压缩并放置到这个空间体的后面。依照客户的要求，另一个房间几乎保持原样不变，从而进一步增强阴暗、密实的私人空间与光线充足、空气流通的起居空间之间的对比。

建筑设计：
Marc 建筑设计工作室
Michele Bonino & Subhash Mukerjee
Martina Tabò Federica Patti

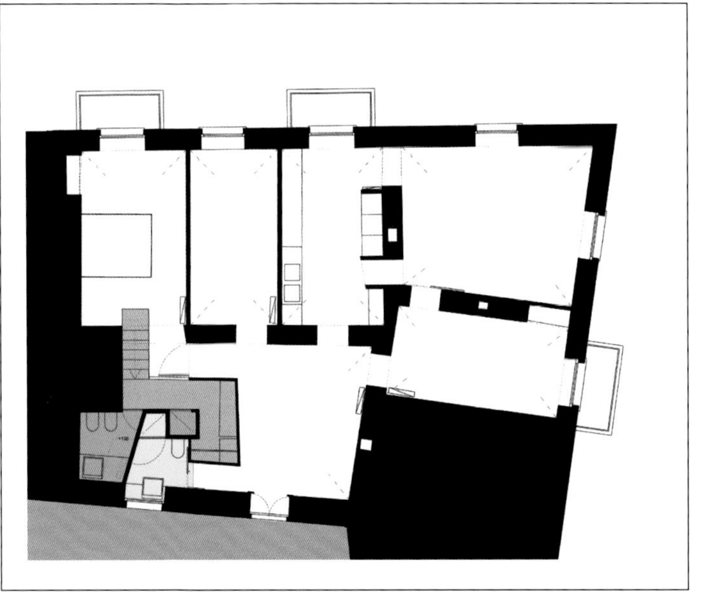

尽管一组固定的室内餐厨设施从视觉上将厨房与起居 / 就餐空间分割开来，但事实上它们却很好地连通在一起。这一区域的所有地板均保留了公寓原有的橡木实木复合地板。

通向盥洗室的楼梯采用了暗色调的巴西黑色岩铺设，与主卧室暖色调的山毛榉木胶合板铺设的地板形成了温和的对比。

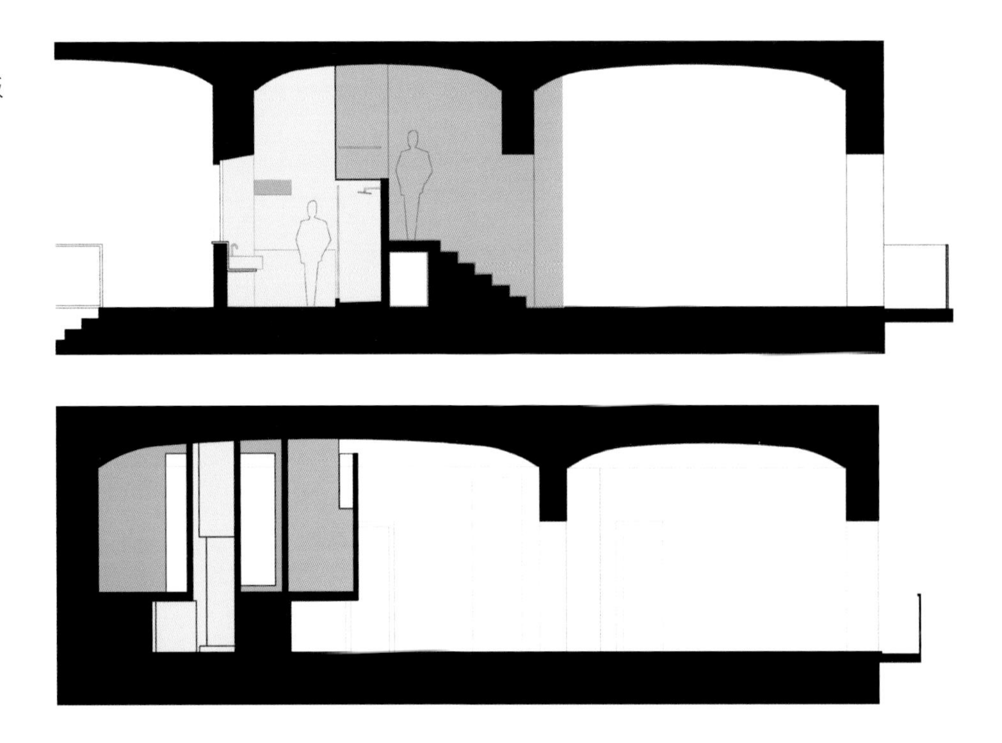

Cho Slade Architecture

霍克豪瑟 (Hochhauser) 住宅

美国，纽约

图片：Jordi Miralles

建筑设计：
Cho Slade建筑事务所

这个设计工作的内容是将一个2,400平方英尺的公寓（自19世纪60年代起，这里原本是两座公寓，每座公寓111平方米（1,200平方英尺））进行翻新。原来的公寓将被改造成为一个单独的空间供一对夫妇和他们的两个女儿居住，因此设计师就必须对房屋空间进行全面的重组。房屋内表面（包括地板、墙壁和天花板）的原有装修被剥去后进行重置。客户还希望能把储藏空间尽可能地扩大，同时在不降低私密性的前提下尽可能地让房屋空间更加开放。最终，房屋的视野，尤其是向南和向西的视野，被尽可能地扩大。

建筑师通过创造三个区域来满足客户的这个要求。“正式”区域中设置了起居室、餐厅、开放式厨房、入口和客房；“家庭”区域中设置了私室、卧室和儿童盥洗室；“主套房”区域设置了书房、主卧室、盥洗室和阳台。

依据房屋内部规划和内部空间的位置方向，这三个区域都采用了独特的空间结构。“正式”区域是一个巨大的空间，占据了整个房屋的三分之一，同时还配备了一个宽达4.27米（14英尺）的窗户，从而可以获得西南角的美景和自然光线。“家庭”区域沿着一个半透明的彩色丙烯酸墙壁建成，这样便可以为这片空间带来柔和、绚烂的光线。“主套房”区域则是沿着公寓西北角的窗户而建成的一个风车型的空间。

淡棕色的地板和家具将这三个区域连接了起来，但它们三者又都具备各自的独特之处。比如，采用黑色皮革、石头和玻璃混合装饰的家具为“正式”区域确定了风格基调；淡棕色的半透明墙壁形成了“家庭”区域的框架；而威尼斯风格的石膏雕刻墙壁/天花板极为生动，完全支配了整个“主套房”区域。

这些看起来单色的整体部件（诸如橱柜和内嵌式家具）通过斜接的连接件将不同的材料拼装到一起，使得部件表面的材料变化变得十分细微。例如，起居室中的黑色内嵌式橱柜采用了黑色皮革门、黑色漆面边缘、黑色玻璃后背和黑色石质柜顶。斜接的连接件隐藏了材料的厚度，因此只有站在它旁边时才能发现材料的不同，而从远处看来它们则是浑然一体。

公寓的“正式”区域占据了整个第三层，并且设有4.27米（14英尺）宽的窗户。起居室配备了内嵌式的家具，家具采用皮质门、黑色漆边，后背为黑色玻璃，底部为黑色石材。由于不同材质表面之间采用了斜接连接件，使得这些看起来完全不相干的材料变成了一个整体。

室内每一个区域都被置于一种独特的空间结构中，这些空间结构则是由建筑内部的结构、空间位置和空间朝向创造而成的。

混合使用黑色皮革、石头、玻璃制成的家具将正式区域划分了出来，而淡棕色的半透明墙壁则把家庭区域划分了出来。除此之外，生动的威尼斯石膏雕塑天花板和墙壁则完全占据了主套房。

Michele Saee Studio

无穷的室内——样板房屋

中国，北京

图片：Chen Su

该设计作品属于北京和凤凰城的共有财产，它是对基本建筑结构常规的一种挑战。该设计试图创造出一个流动的空间，每天的日常活动都在这个流动空间中进行，但同时要排除很多阻碍，更不能显得凌乱。这个新设计被设想成一个“样板房”，将地板、墙壁和天花边连接成一个连续的平面使得房屋空间统一到一起，同时为新的生活机制设置各种功能和技术设备。房屋空间具有自身的灵活性，居住者可以通过变换材料、移动分区以及无数定制的模板对房屋空间进行修改。房屋的第二层可以根据住户的需要和愿望进行各种环境变换。

该房屋设计被分为了两个部分：外部空间，即现存的混凝土建筑；内部空间，即样板房。就如身体一样，这两个空间由许多部分组成。每个单独的部分都必须共同协作以确保平衡。

所有的一切都来自于样板的概念，样板源自于草图，它并非提供给木匠的精确展示。事实上，草图绘制的成果会更多地受到线条本身的影响，而不是其绘制对象本身。每个线条的绘制过程、线的粗细、错误等，这些因素都会影响绘图形状的最终效果，导致其失真。正是由于绘图的这种局限性，样板就被用来帮助加速这一过程的完成。

在施工现场，木匠使用简单的可弯曲木材和铅笔，按照设计师的图纸制作样板。样板一旦制作完成就被分发给其他的木匠进行复制，因此会有更多的样板制作出来。建筑框架完成后便开始进行外壳覆盖施工，胶合板条经过弯曲被覆盖到框架的顶部，这些工作都会按照样板的形态完成一片片胶合板的安装。除了实验之外，其实并没有明确的标准施工过程，而最终只要有一块胶合板成功安装，其他的胶合板也就会参照其安装。

建筑设计：
Michele Saee
助理设计：
Franco Rosete，Zhang Haitong
室内设计：
Michele Saee工作室
灯光设计：
Michele Saee工作室
总承包商：
承达国际，东莞承达木材制品有限公司

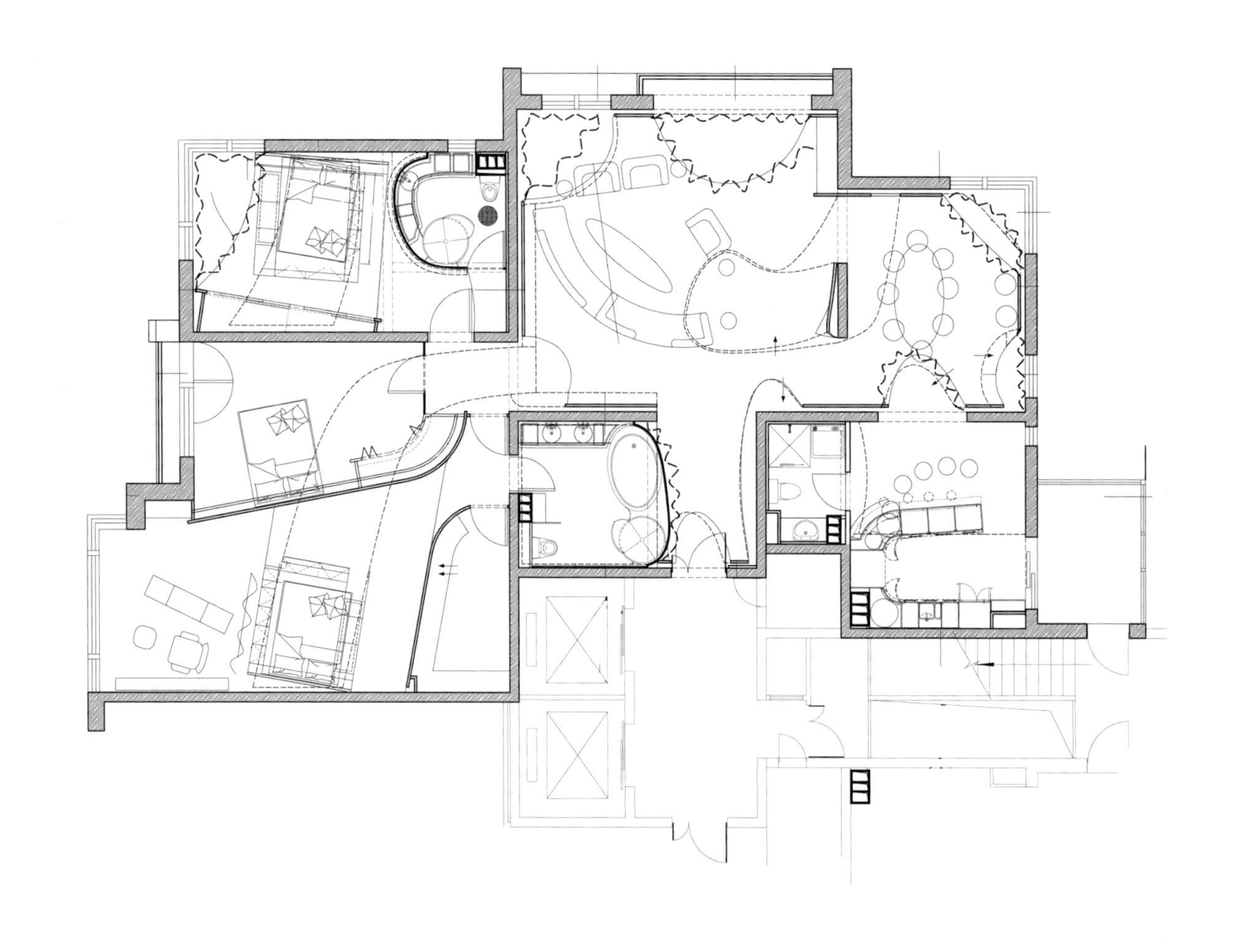

对于这位美国建筑师来说，在中国从事设计建造工作是一段充满吸引力和挑战的经历。他必须尝试着去思考未来的居住者对这个房屋会有何种反应。因此，整个设计过程最终"屈从于风水"，把风水作为达到和谐平衡的主导原则。气、宇宙的呼吸、人类的精神，它们决定着我们的活动和行为，而风水就是气的规则。

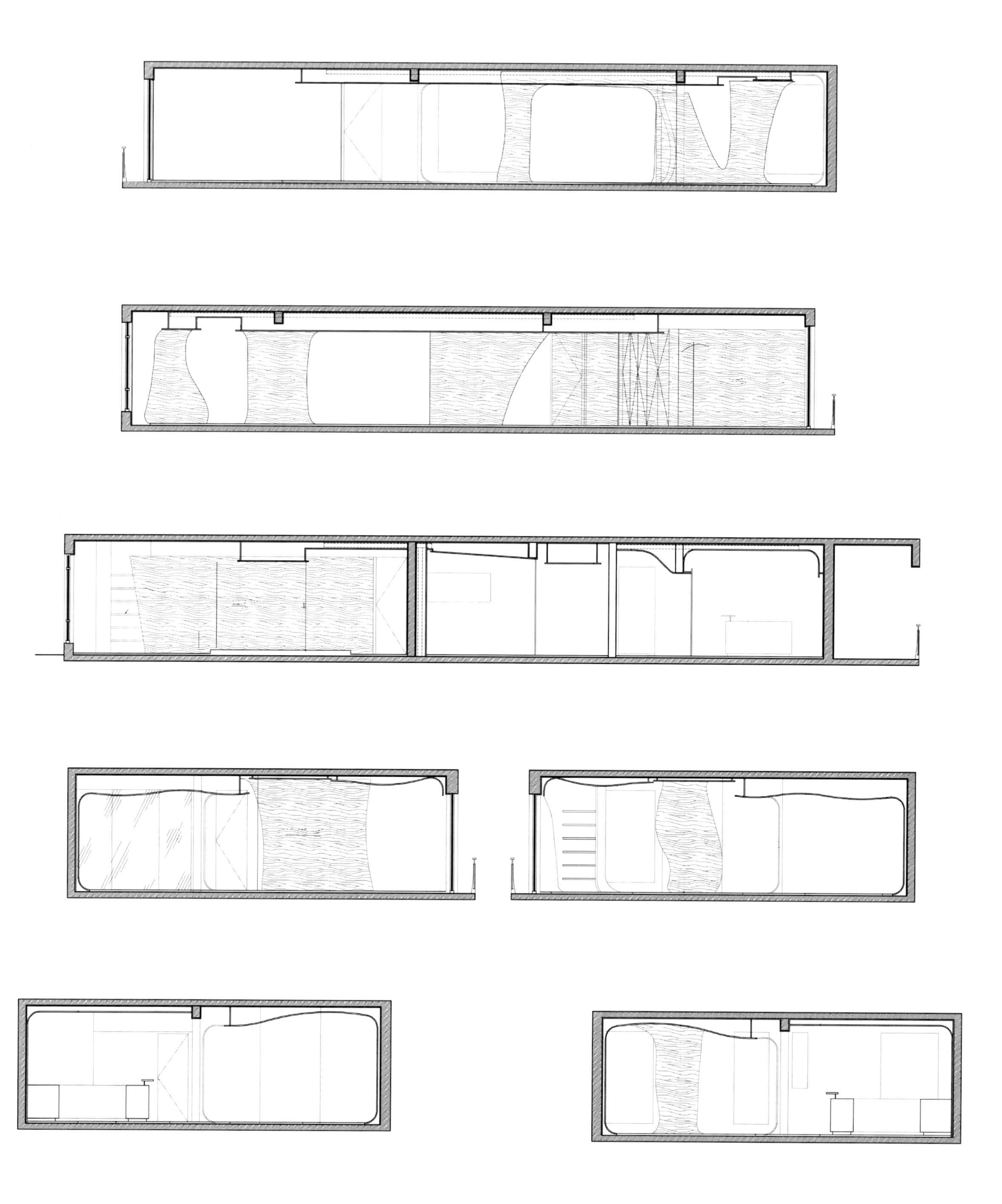

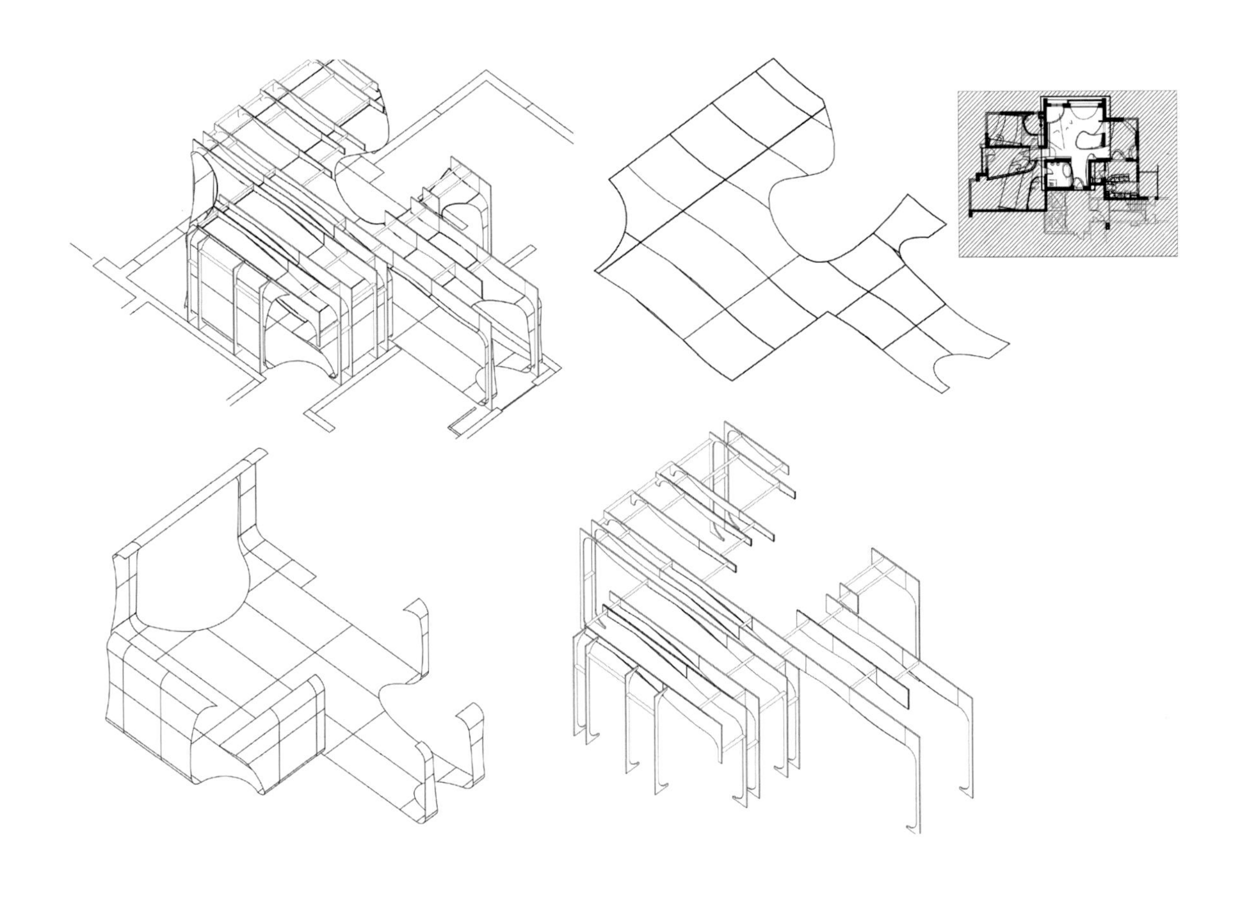

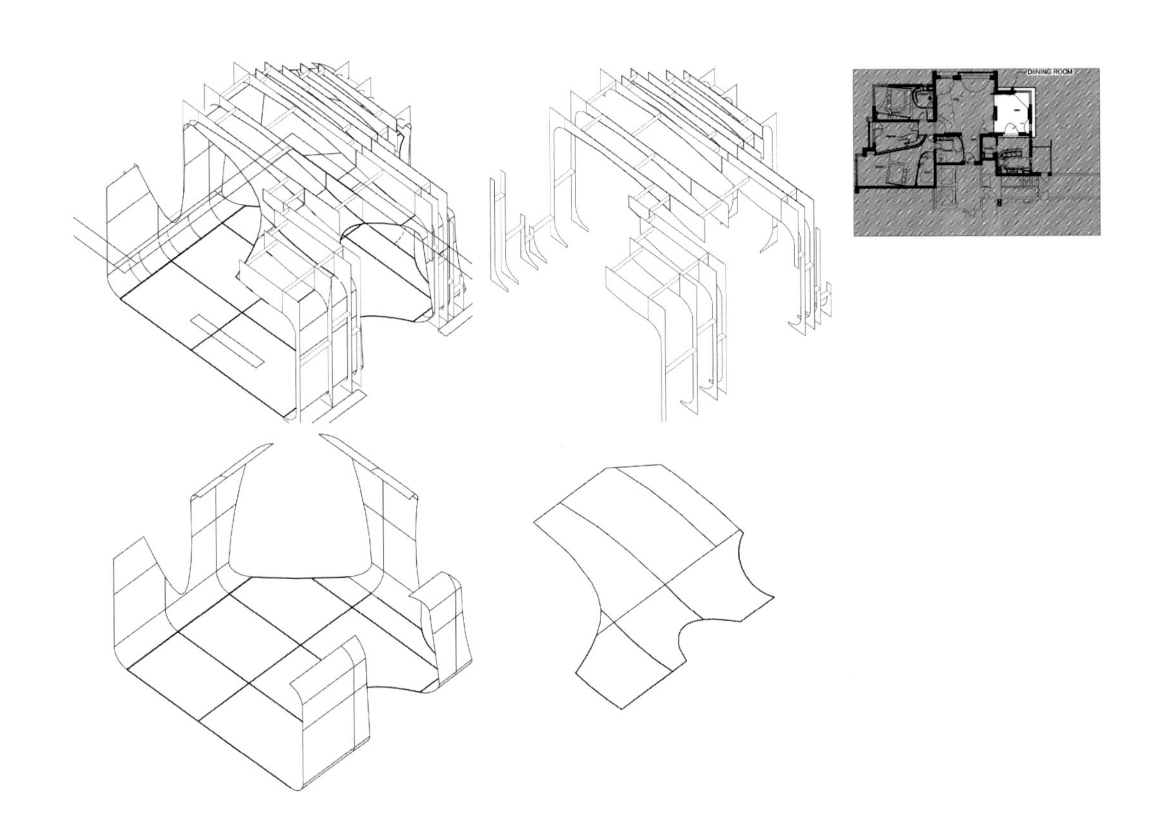
DINING ROOM

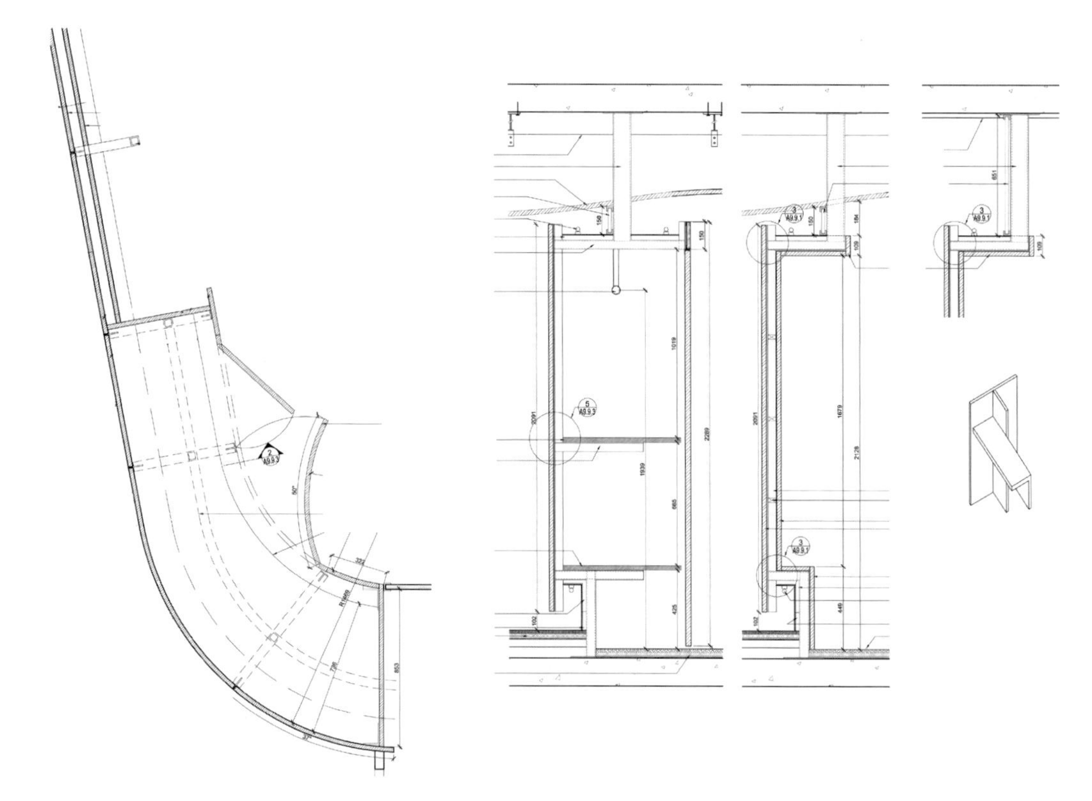

这个建筑就是一个容器包含着另一个容器；第二层装饰表面体现出了船舱的理念。样板房的设计是一个试验，是为了验证完全不同的元素应用到一起形成的室内空间能否以此方式实现一种整合，这种整合是游离于天花板、墙壁和地板之外的，而这三者的组合通常被认为是相互依赖而又在室内空间中扮演各自不同角色的。

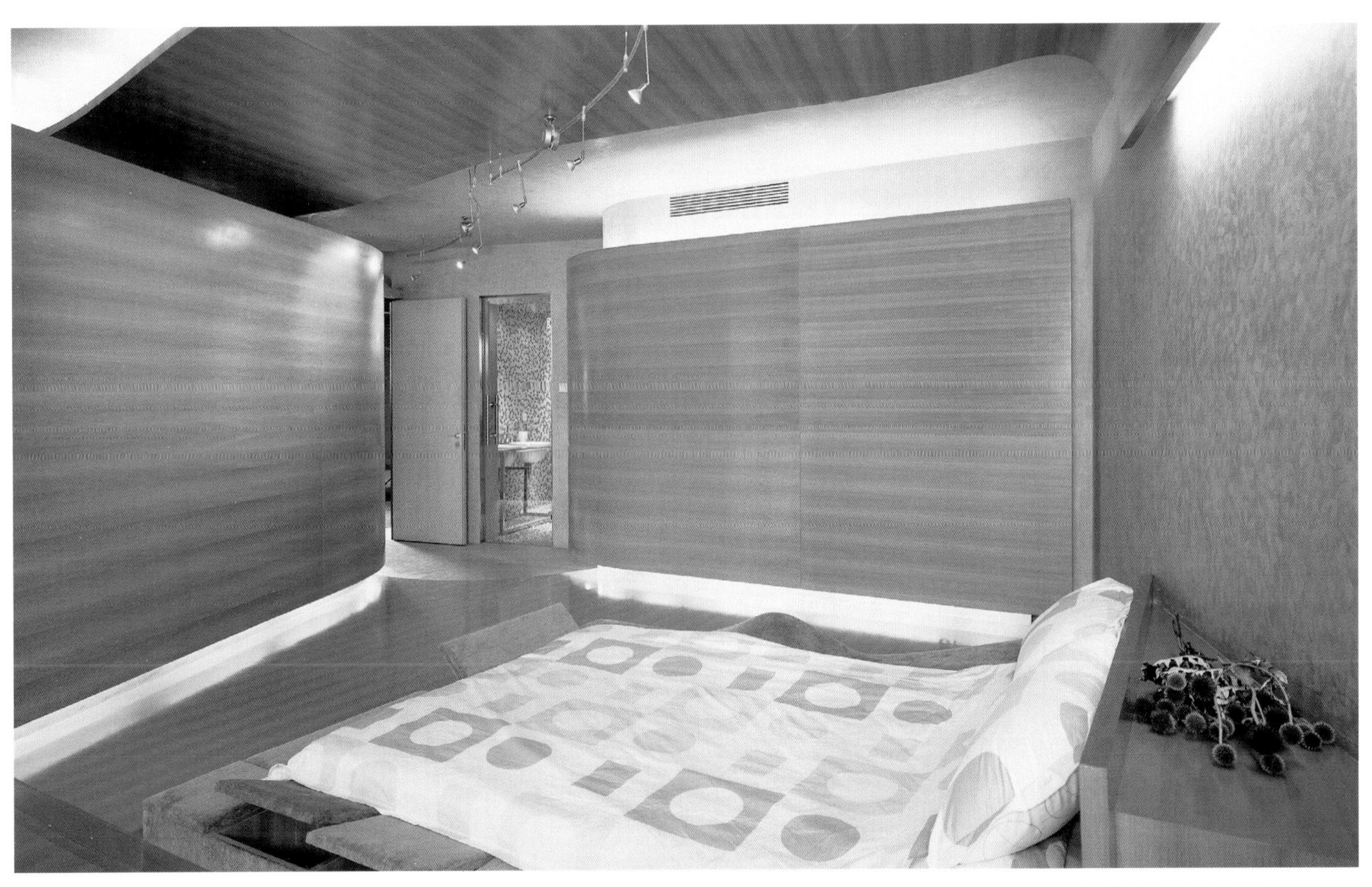

Neeson Murcutt Architects

鲸湾别墅

澳大利亚，悉尼

图片：Brett Boardman图片社

鲸湾别墅位于一座山坡东南侧的起伏地形之上，这里地形陡峭、植被茂密，向上看去是一座高耸的悬崖，两侧则是海滩和主干道。房屋的方位设置需要将临近建筑走势、北点、邻居的视线、必需的缩进这些因素综合起来进行务实的规划。这些无形的线条构成了倾斜的几何体，使得整个平面规划图变得更有特点。

这所别墅是用来供一家几代人共度周末的地方，它沿着地势的斜坡采取了三层的阶梯式建筑结构——祖父母和儿童居住在最低的一层，主要的起居空间位于中间的一层，而孩子父母的"秘密"木质小屋位于最上面一层。房屋的设计规划是分层的，经过特别设计，每个楼层都各不相同。房屋设置了内置楼梯将各楼层连接起来，从视觉上很难发现这个楼梯。此外，每个楼层的天花板都是固定不变的，而楼层地板则是阶梯型或"符合地形的"。

这个设计项目寻求着"亲密"和"疏远"这两种感受，唤起了建筑所在的特殊二元性——在这幅海岸风景前，突兀的岩石和其背后的森林会给人同时带来这两种感受。建筑的每一个房间都会独立地与现场和视野景观综合起来进行考虑。因此，人们在房屋中的体验如同电影一般，由于整个视野被切分开来，每一个房间都会有自己特殊的视野景观——厨房可以看到地平线，起居室可以看到海岬，主入口可以看到悬崖，后门则可以看到雨林。各种不同的开口方式促成了一种和谐的结合——硬木百叶窗打开时便可以看到外面的风景，推拉窗可以完全消失不见，透过镶有固定玻璃条的窗户可以直接看到外面的风景，而房屋的天窗可以把光线引入室内却无法获得任何风景。这些处理手法制造出一种空间的丰富感，给人带来"惊讶"的感觉。

和邻近的房屋相同，该建筑也被提升并超过街道的高度，为居住者提供一定的私密性。

这种私密性与房屋的上部楼层紧密地联系在一起，上部楼层采用了可回收的木材进行外层包裹，这些木材的颜色随着时间会慢慢变暗，从视觉上使得这些楼层隐藏于建筑所在地的斜坡之中。房屋较低的石质楼层中央设有一个空隙，人们可以透过这个空隙看到外面的花园。透过这个空隙，花园中景观与穿越房屋前方的毗邻景观连接了起来。

景观设计师、水力工程师、生态学者和建造商之间经过精心的协调，修复了建筑东北侧的水道，取消了当地委员会试图建设一个风暴雨水缓冲设施的计划，取而代之的是进一步增强景观布局。房屋与景观融为了一体，而室外活动空间与房屋的每个楼层相互协调呼应，共同变换。

整个项目采用了一种全面实现可持续性的方法，包括：太阳方位、自然光、通风、高校内部加热、材料选择、水回收、本地属植物和紧凑型水池。

建筑设计：
Neeson Murcutt建筑事务所
主建筑设计师：
Rachel Neeson，Nicholas Murcutt
项目团队：
Andrew Burns，Amelia Holiday，Jeff Morgan，Sean Choo，David Coleborne
承包商：
Coddington建筑有限公司
景观设计：
Sue Barnsley设计公司
结构工程：
Tihanyi工程咨询公司

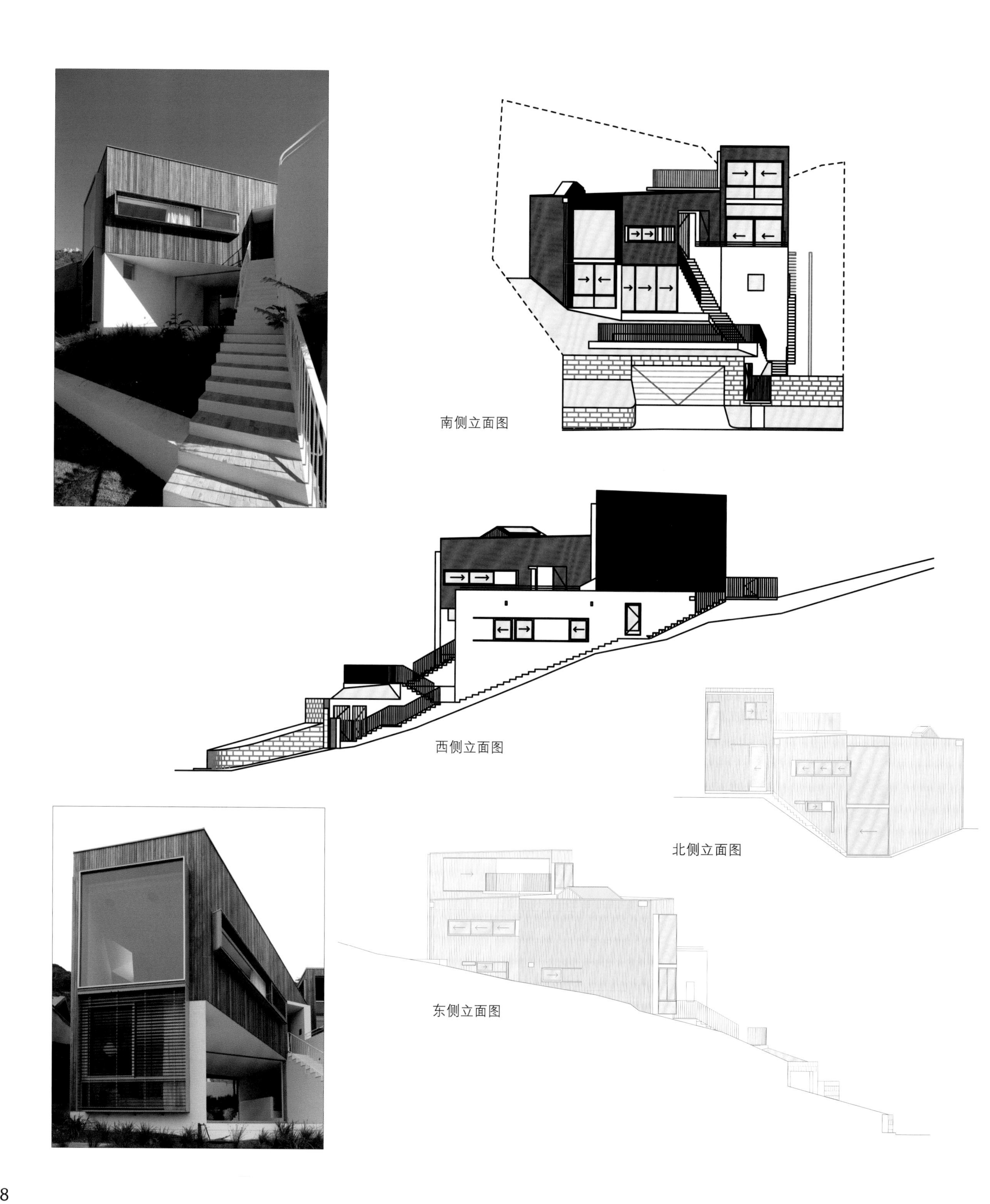
南侧立面图
西侧立面图
北侧立面图
东侧立面图

三层平面图

1. 主卧室
2. 甲板
3. 浴室
4. 卫生间
5. 屋顶
6. 雨林花园

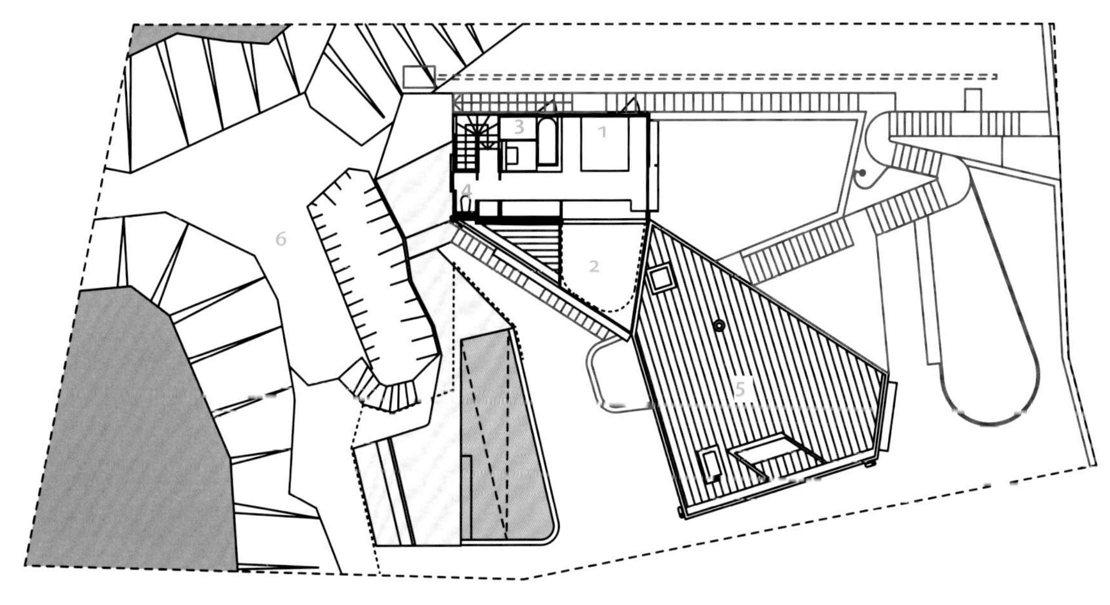

二层平面图

7. 入口
8. 休息室
9. 壁炉
10. 卫生间
11. 餐厅
12. 餐厅露台
13. 厨房
14. 厨房露台
15. 水池露台
16. 水池
17. 阶梯式座位
18. 分级式花园水沟

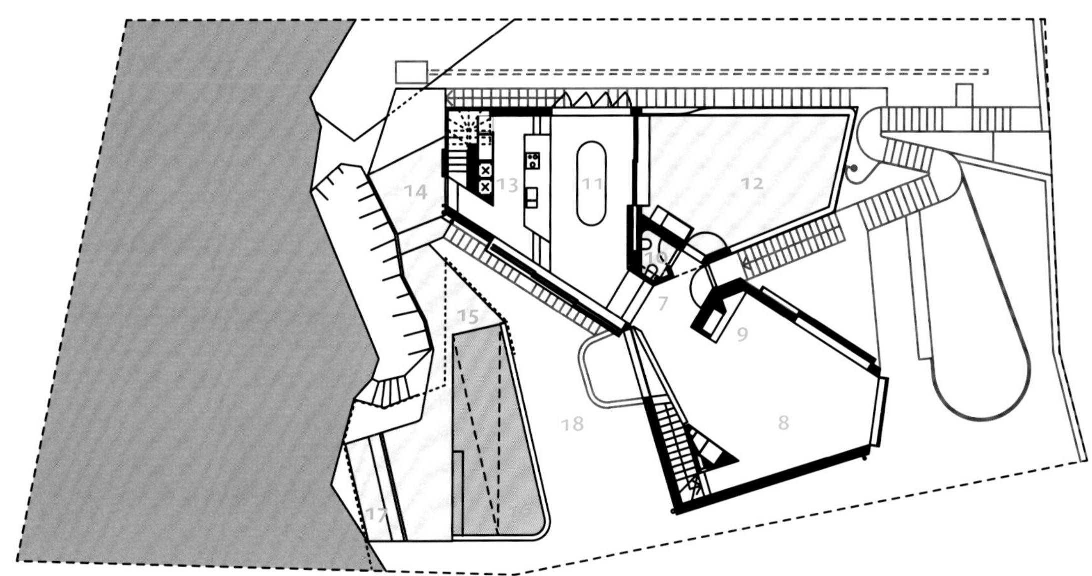

一层平面图

19. 草坪露台
20. 室外淋浴
21. 倾倒器
22. 游艺室露台
23. 游艺室
24. 客房
25. 浴室
26. 电视角
27. 卧室
28. 盥洗室
29. 卫生间
30. 洗衣房
31. 供给设施

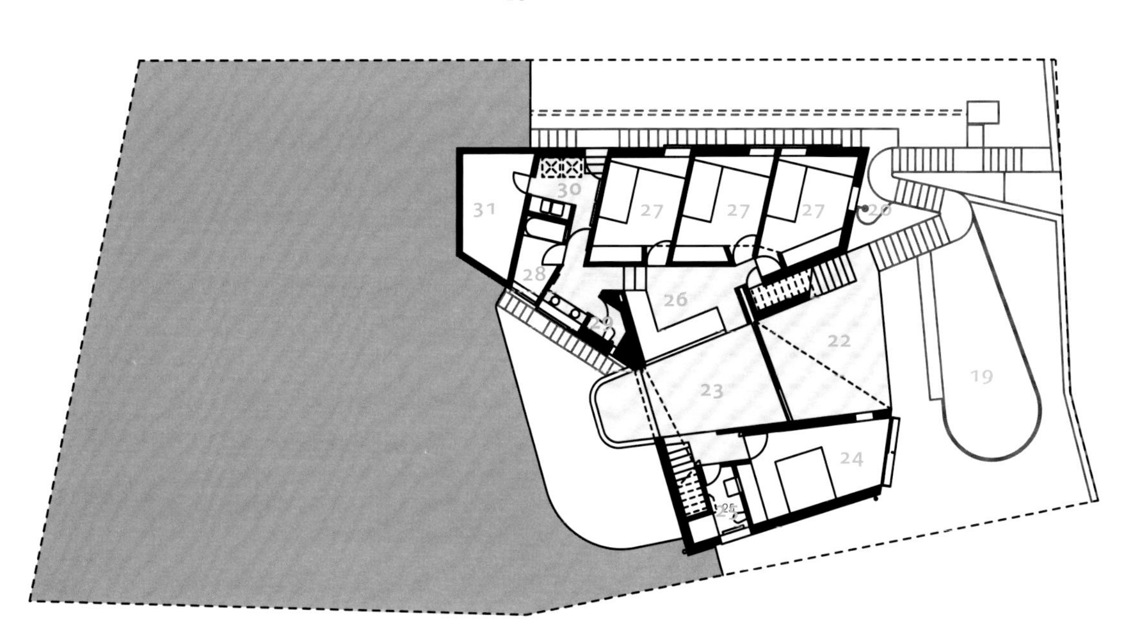

下部石质楼层的中心被一个中空穿透，透过它可以看到花园。当地的风景透过这个空隙穿过房屋前部，与房屋周边的花园连接了起来。

Terrelonge

威治 (Wedge) 画廊

加拿大，多伦多

图片：Rico Bella

建筑设计：
Terrelonge建筑事务所
主建筑商：
Bob Mitchel

威治画廊的设计内容是将两个独立但毗邻的空间中的区域相互交融。这个房屋空间不仅是一个艺术画廊，也是一个阁楼住宅。房屋的上层区域包含了私人空间：卧室和盥洗室；下层空间则是一个多功能的公共区域，包含有一间客房、一间厨房、一间起居室/娱乐区域以及威治画廊。在活动墙壁之间有一个狭长的区域，面积约140平方米，设计师决定在平面设计中采用特殊的技术在这个狭长区域里制造出一种张力。特雷隆致（Terrelonge）设计的固定设施、房间和储藏柜都展现了客户对于音乐和艺术的热爱。为了存放客户拥有的超过3,000张的CD光盘，设计师制造了一个6英尺x3英尺大小的空间单元来存放这些CD光盘，同时还在其内部设置了一个”壁橱”用来放置立体声音响设备。壁炉和白色墙壁提供了陈列艺术作品的干净平面。装修材料采用了磨砂玻璃、哑光铝材、拉丝不锈钢和浇筑混凝土。

该设计整体看来舒适、有吸引力、复杂但又简洁，而整个房屋同时承担了多种功能：它不仅是一个私人空间，也是一个公共空间，可以开展娱乐活动，也可以举办一些低调的活动。

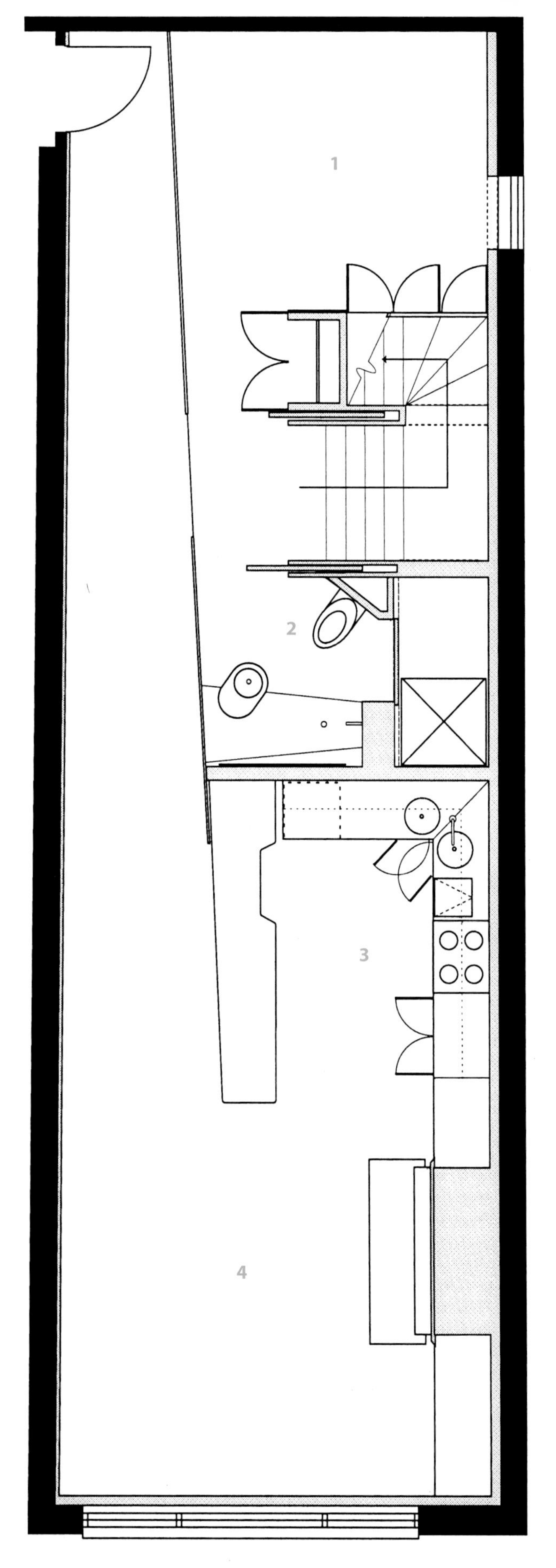

主楼层平面图

1. 房间
2. 盥洗室
3. 厨房
4. 起居室

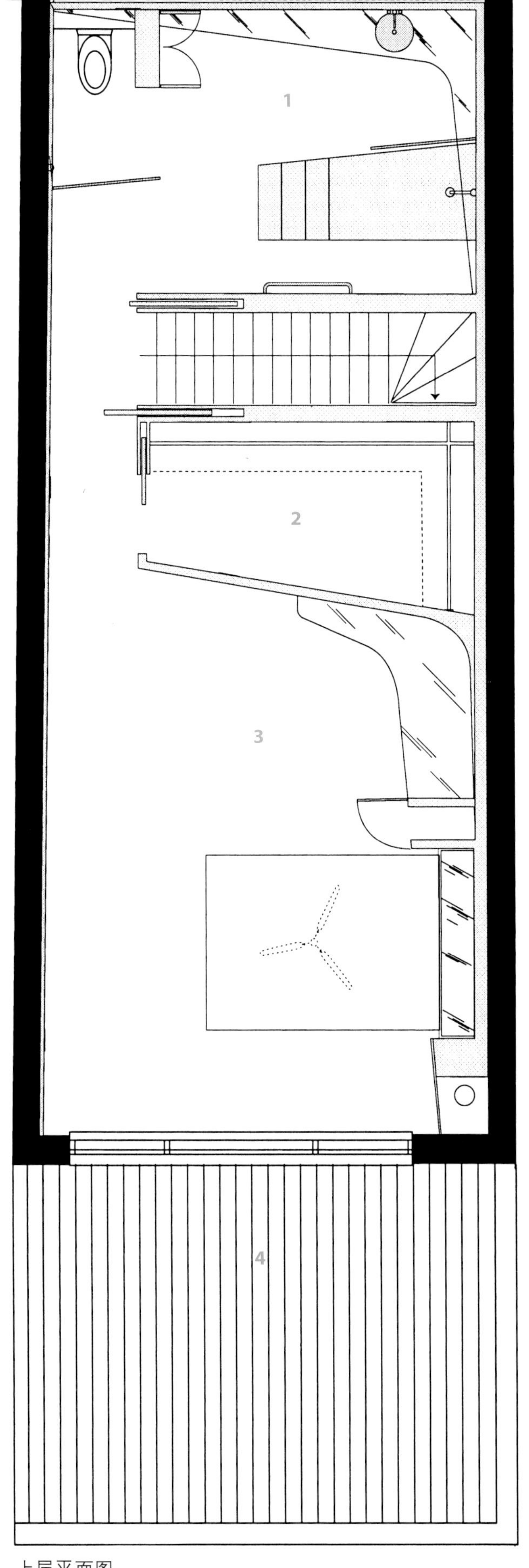

上层平面图

1. 盥洗室
2. 更衣室
3. 房间
4. 露台

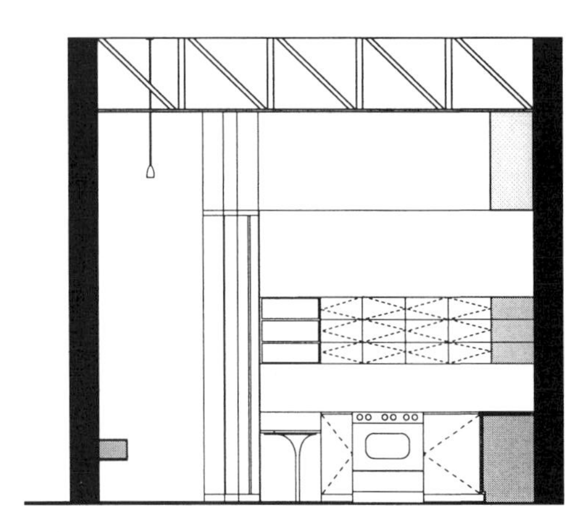

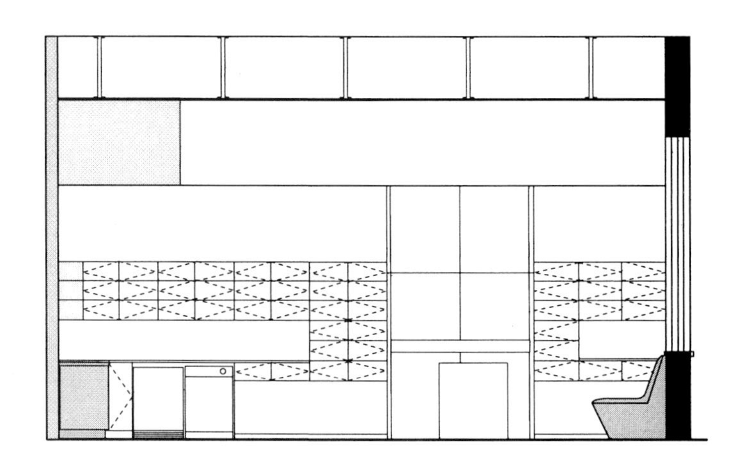

厨房立面图

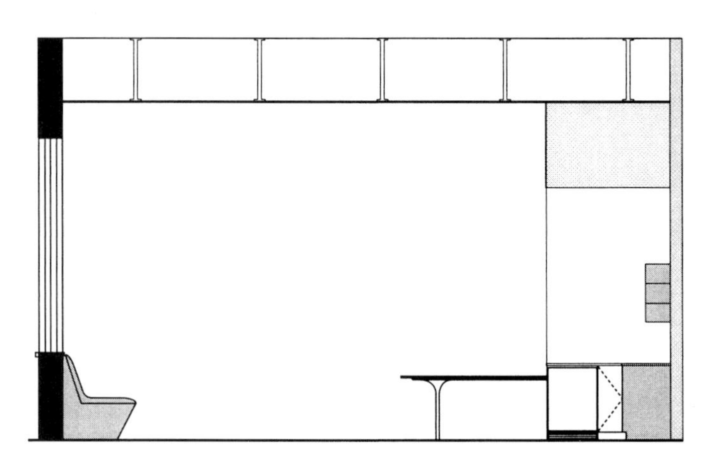

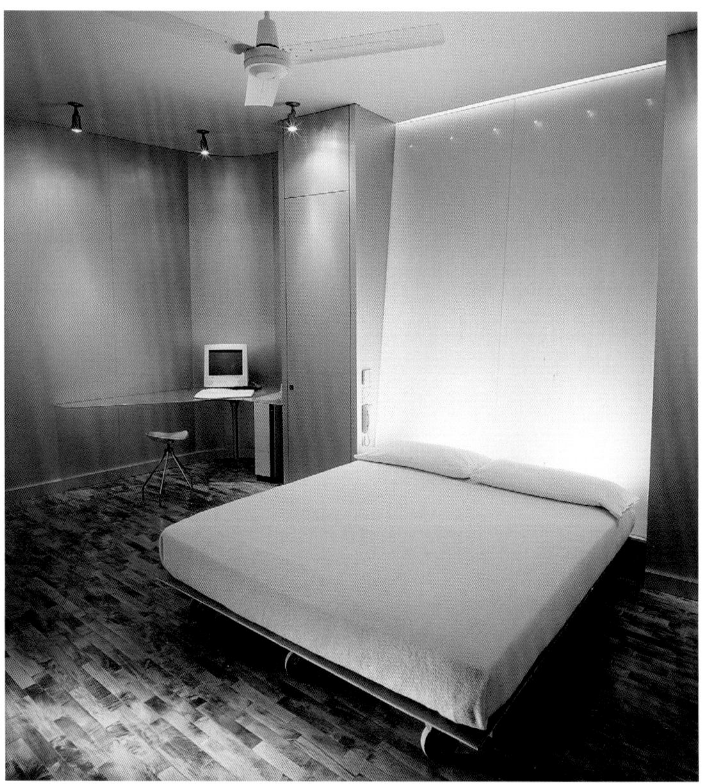

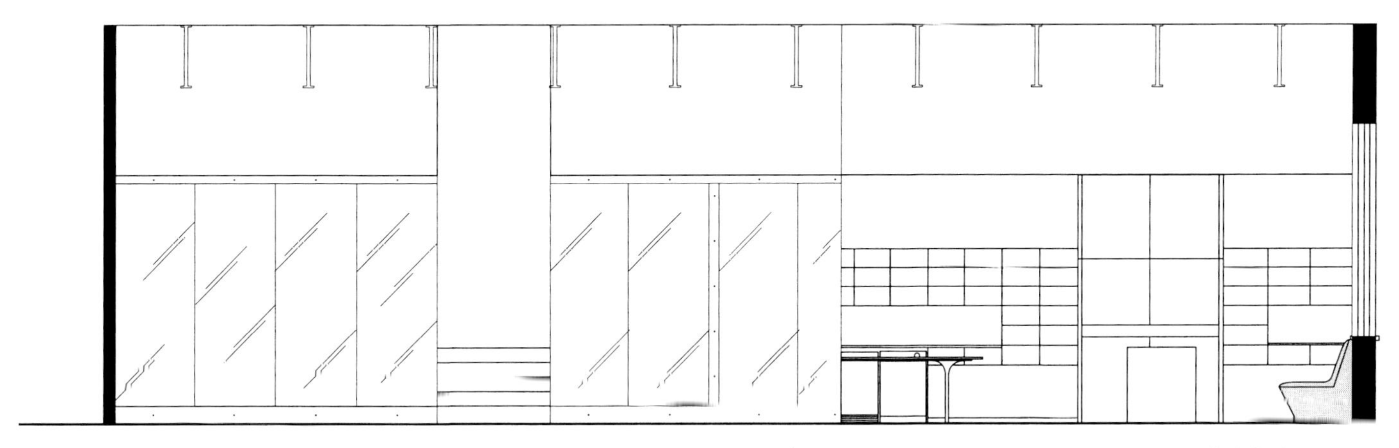

玻璃幕墙立面图

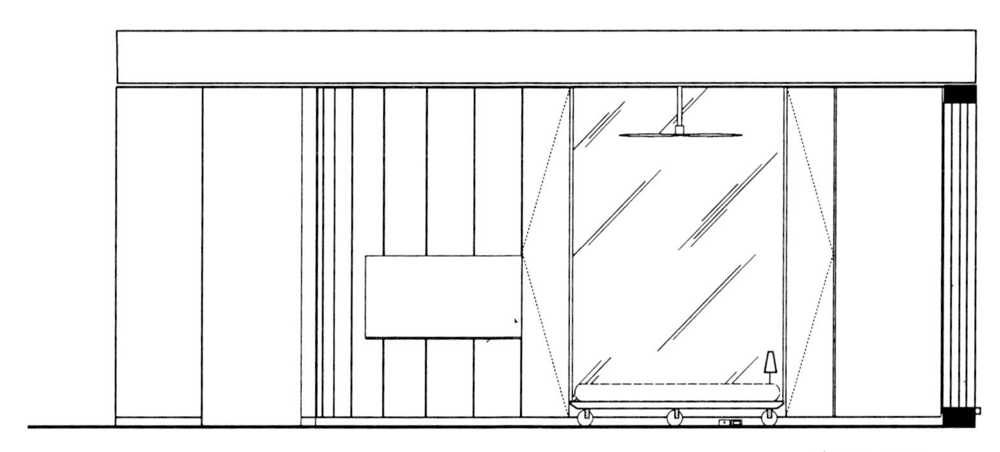

卧室立面图

住宅/画廊的设计理念是基于其空间标准，这一标准与根据时空功能组合对居住空间的诠释相关联。因此，不同的空间风格并没有针对性的定义，它们可以适应任何不同的用途。

SAMARK Arkitektur & Design AB

旋转躯干公寓

瑞典，马尔默

图片：James Silverman

建筑设计：
SAMARK AB建筑 & 设计事务所

该建筑被设计成为一座雕塑式地标，这也就要求其内部拥有与其外部相匹配的装修效果。建筑所呈现的外形带来了许多困难，但这也蕴含着极为难得的机会。比如，从楼梯核心/电梯井中引出的通道门的数量、混凝土芯的厚度都必须提前考虑，同时它们也带来了许多障碍。另一方面，每个楼层的房屋平面中都拥有四个绝佳的“起居室位置”——跨越角落的房间或沿着纯玻璃幕墙排列的房屋空间。楼层平面的形状很适合于建造大型的公寓并配备数量可观的房间，因此应避免将朝向倾斜外立面的房屋区域连接起来。

设计的目标是建造一个大型起居室并与半开放式厨房连接起来。房屋的入口头道也是敞开的，空间宽敞匀称，其地板采用了抛光的瑞典石灰石铺设而成，房屋外立面上的窗台也采用了这种石灰石材料。

在大多数大型公寓中，卧室通常都与更加“公共”的区域（包括门廊、起居室、餐厅和厨房）分隔开来。除了盥洗室，其他区域的地板均采用浸油橡木铺设而成。

在敞开的楼层平面中，采用光釉面橡木制成的巨大落地门和滑动门将卧室和关系是完全封闭了起来。突出的楣梁和必要的削减使得落地门的高度与楼层高度保持一致。此外，房屋内的所有衣柜都完全嵌入墙壁之中。

盥洗室的地板完全采用小炼砖铺设，而墙壁上则采用了略大些的炼砖铺设。盥洗室和厨房中的平台采用了三种花岗岩制成，而厨房的一面墙壁则采用瓷砖铺设。房屋的碗橱是专门为该项目定制的，它采用了多种制作材料，比如：光釉面橡木、白色光面薄板、橡木装饰的铝材。整个天花板都为白色，而且十分光滑。起居室的天花板高度略大于2,700毫米。厨房、盥洗室、卫生间和洗衣房都采用了嵌入式聚光灯作为照明设施。

办公层平面图

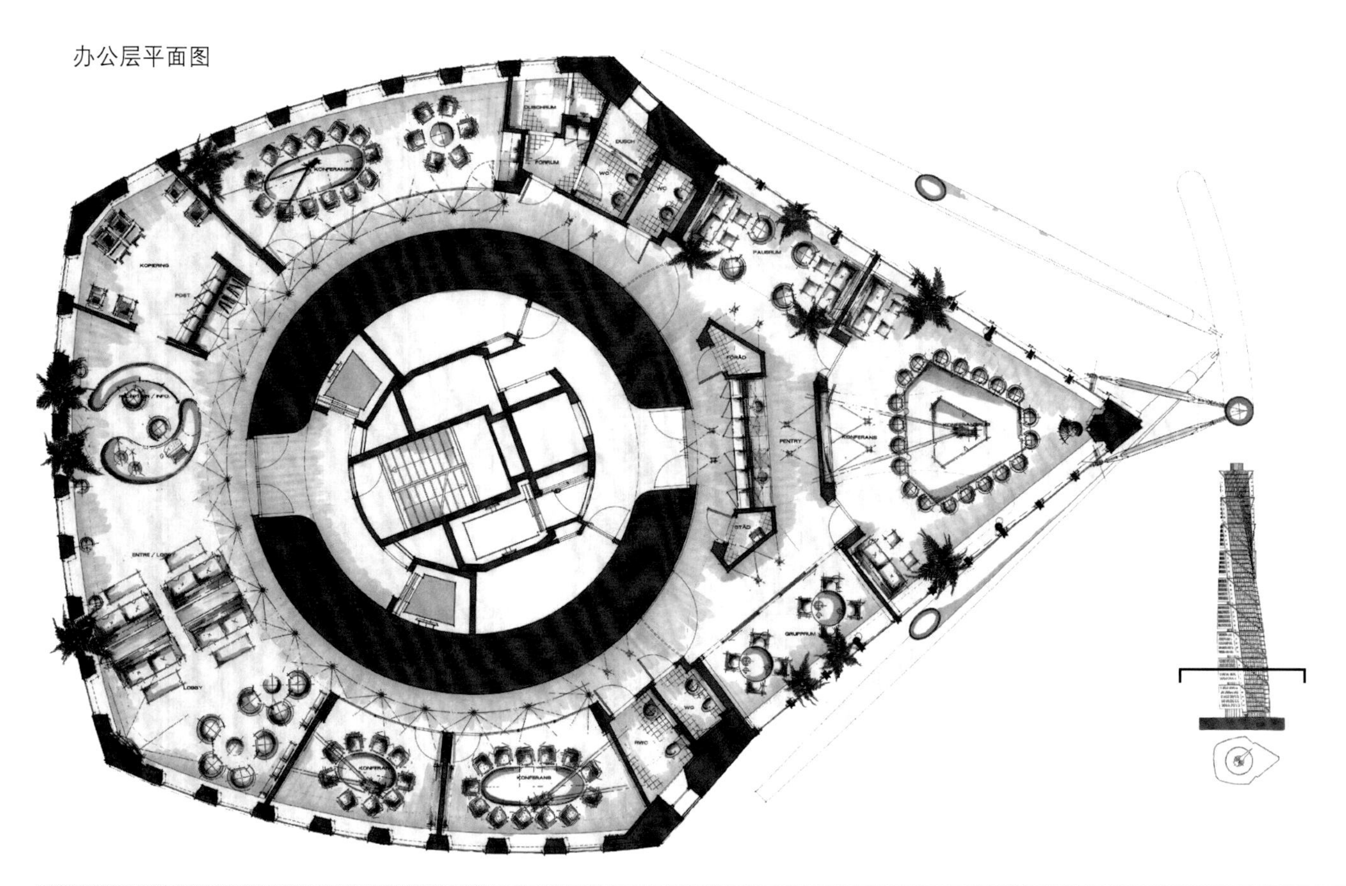

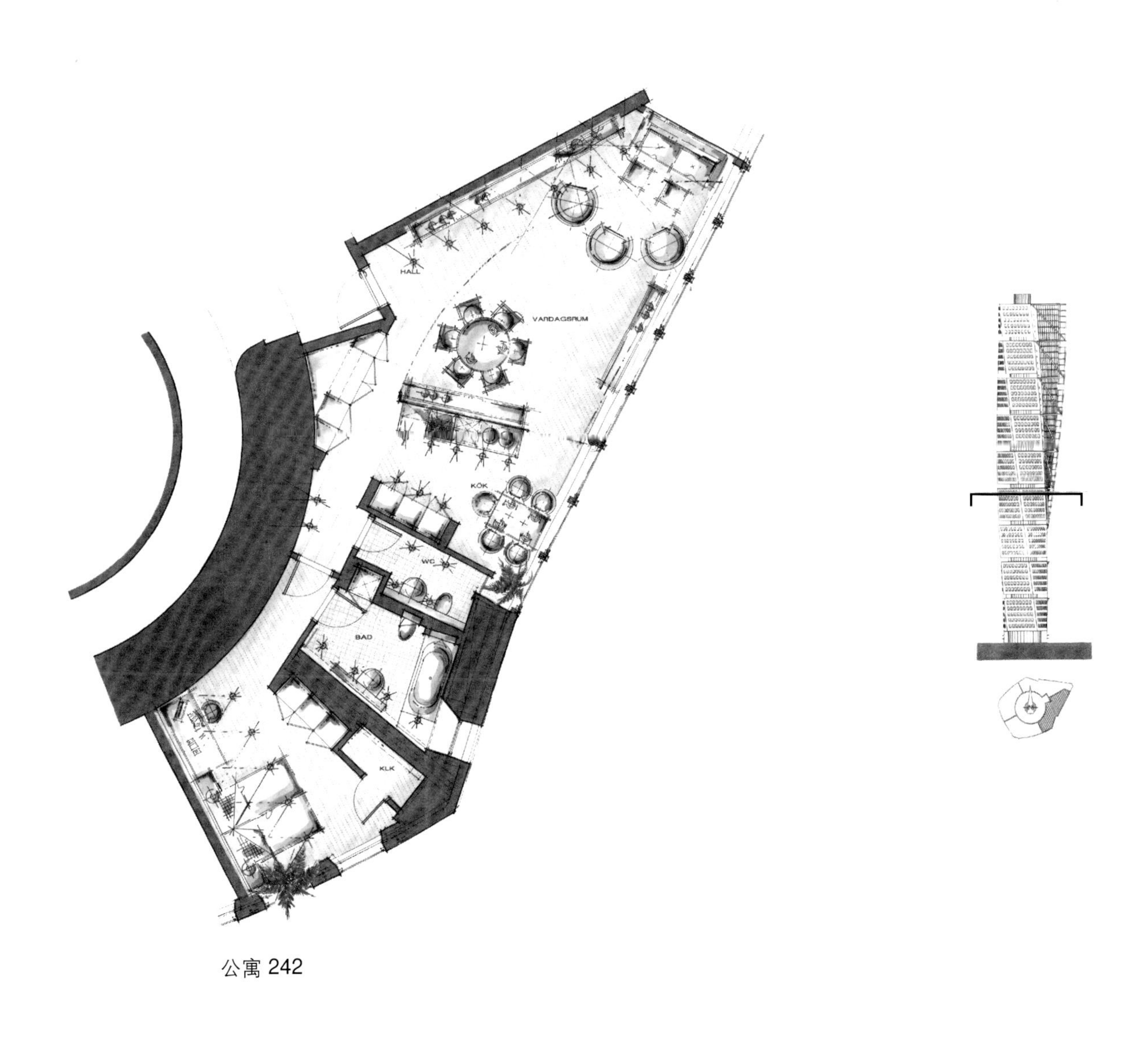

公寓 242

公寓 243

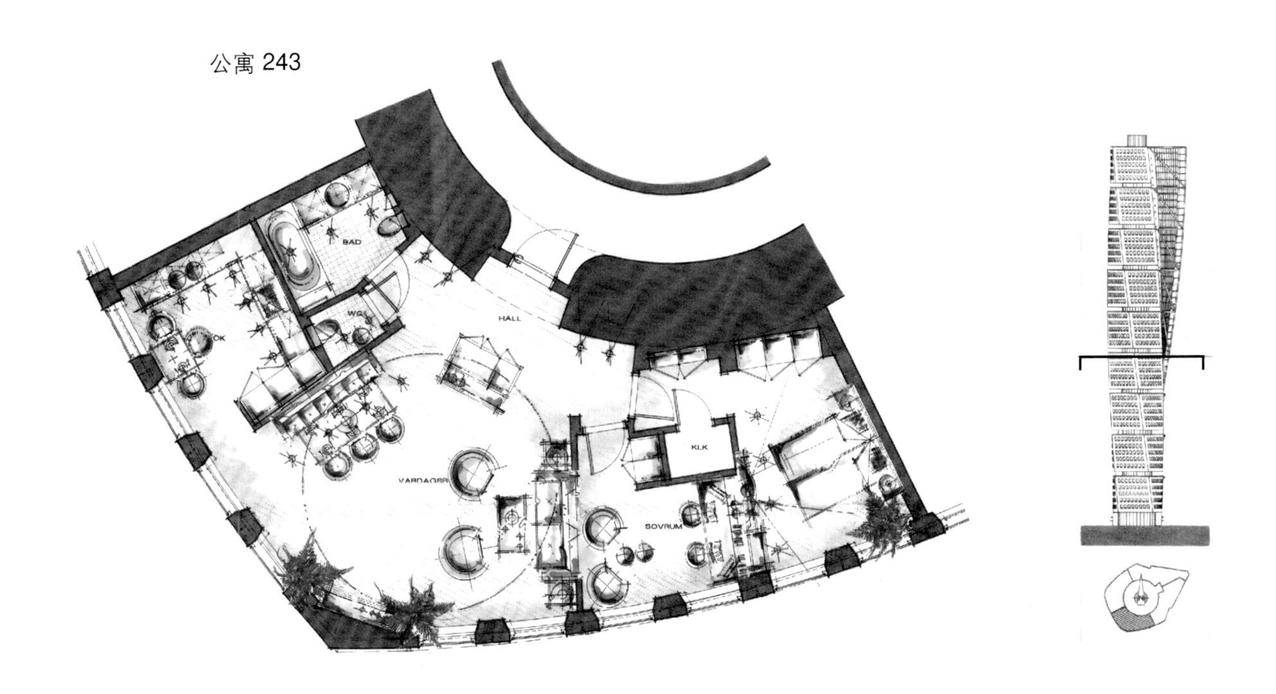

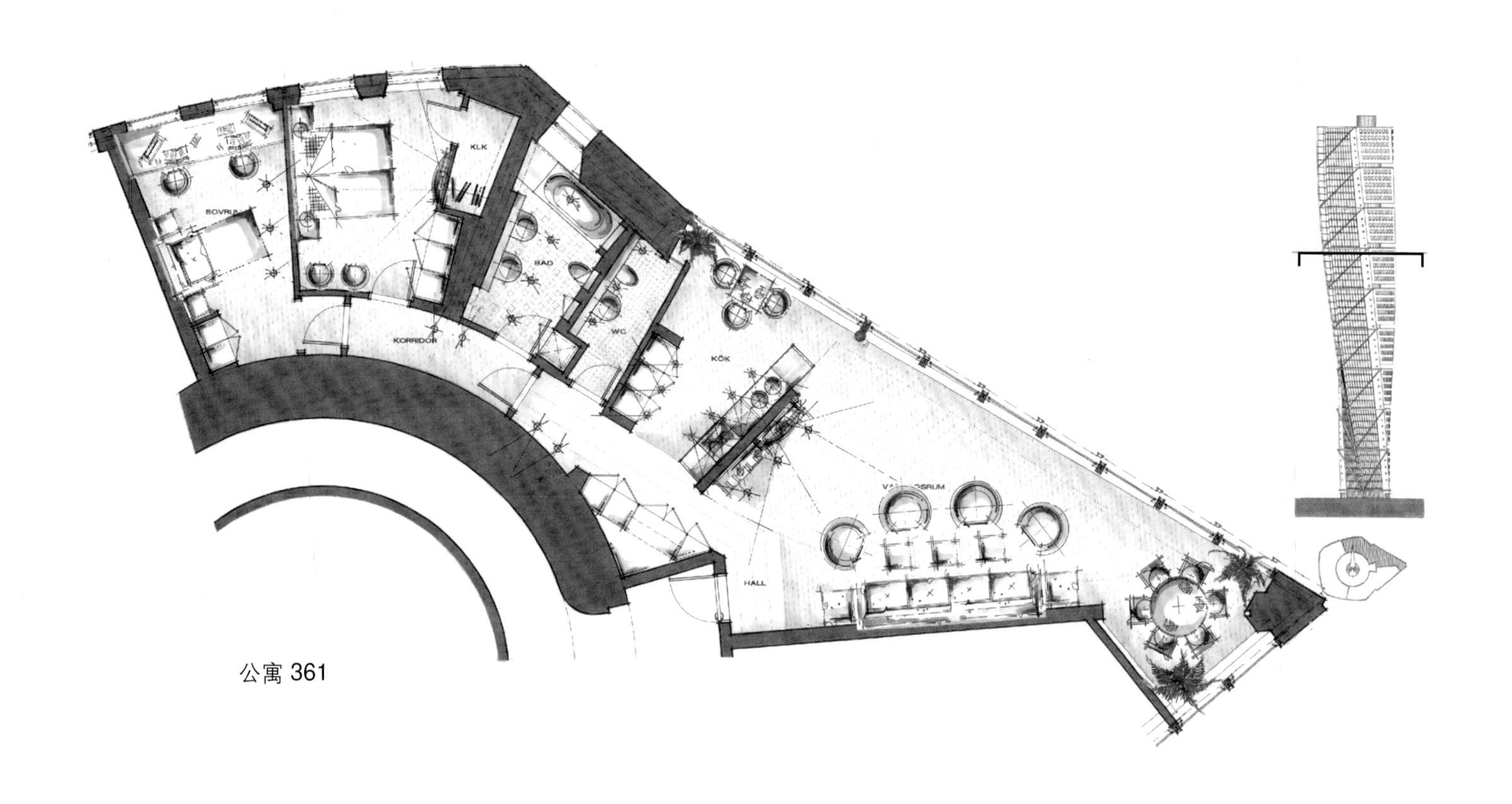
SOVRUM
KLK
BAD
WC
KORRIDOR
KÖK
HALL

公寓 361

公寓 511

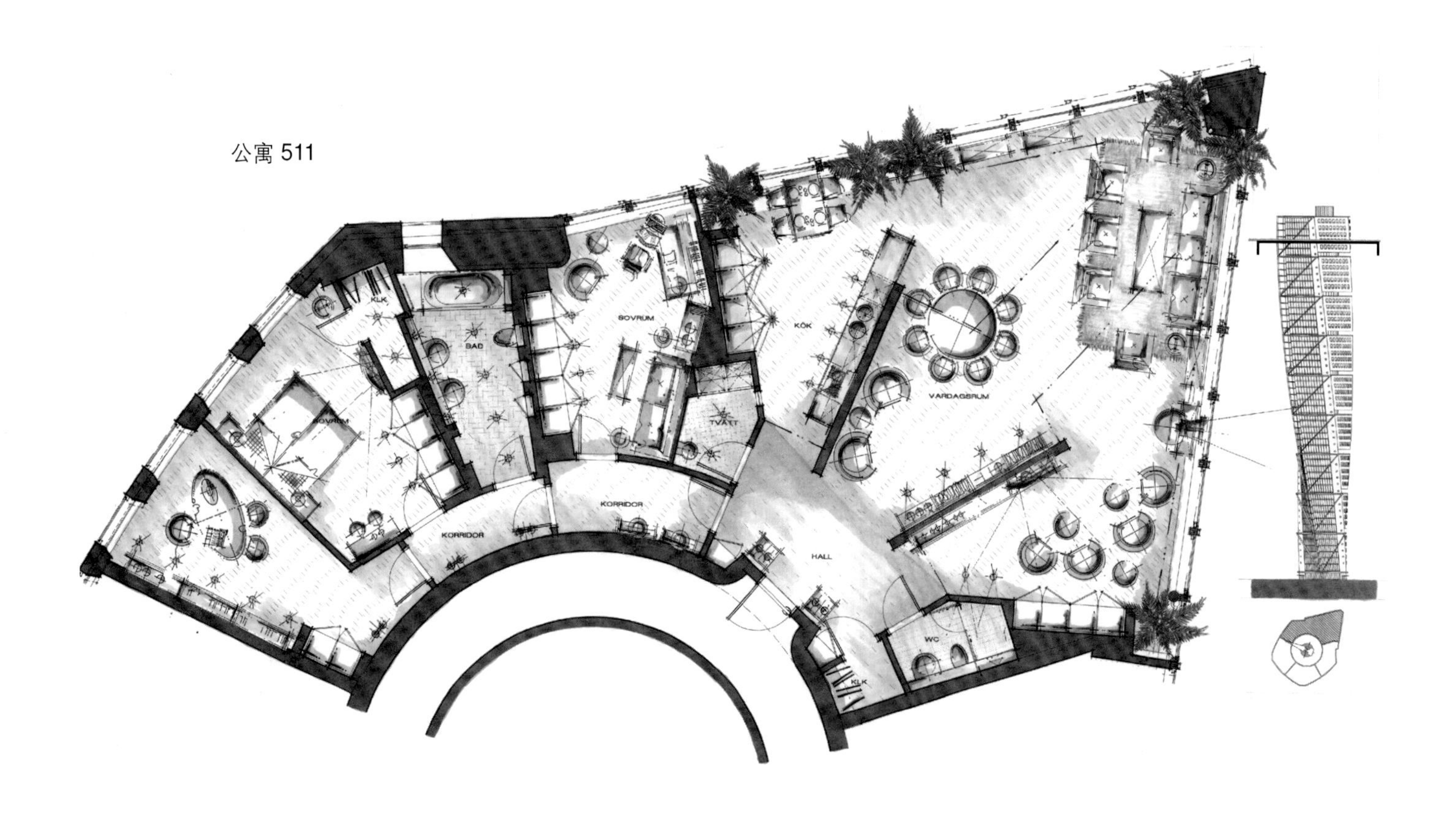
KLK
BAD
SOVRUM
KÖK
VARDAGSRUM
TVÄTT
KORRIDOR
HALL
WC

该设计的目的是创造出更大的起居空间，同时与半敞开式厨房直接连通。入口通道也是敞开、宽大、成比例的空间，其地板采用了抛光瑞典石灰岩铺成，房屋外立面的窗台采用的也是这种材料。

Messana O’Rorke Architects

棚顶水箱住宅

美国，纽约

图片：Elizabeth Felicella

建筑设计：
Messana O’Rorke建筑事务所

该设计项目的内容包括翻新一个阁楼公寓以及将原来的一个喷水灭火系统水箱房屋改造成为一座都市休闲寓所。

公寓简洁的布局被保存了下来，但进行了重新的配置。卧室设置了一个独立的通道可以进入盥洗室，而以前只能从起居空间进入盥洗室（在入口通道设有一个化妆间供访客使用，免去了进入盥洗室的麻烦）。盥洗室完全采用自然光照明，房屋面积扩大到原来的两倍，这里设有高品质的静谧水疗设施、连续的石质地板、抛光的防水石膏墙壁和洁净的淋浴房。在起居室和卧室中，每一个喷漆面板后面都尽可能地隐藏着一个储物隔。厨房经过了重新粉刷，淡棕色的地板进行了翻修返光。原本丑陋的木质踏板的涂漆钢制楼梯被一个定制的不锈钢旋转楼梯所代替。客户希望建造一个新的楼梯，这样会促使他更频繁地登上屋顶和车间。

在高塔和摩天大楼林立的城市中，一座树屋必须尽可能地处于高处。车间被设计成十分基本的休闲寓所，一个供人阅读、休息、欣赏音乐的房间。

建筑的屋顶已经存在了许多年，经过翻修后又新增了树木和景观，一个隐约覆盖着柏油的圆顶遮蔽着这里，圆顶之下是一个巨大的铸铁制喷水灭火系统水箱。这个设计项目的最基本困难是如何将这个水箱移除并引入一个新的结构框架来支撑圆顶的那些破旧的陶红色墙壁。整个圆顶通过一个外部的木质框架进行支撑，而水箱则采用焊枪小心翼翼地切割成容易处理的铁片。一旦水箱被移除，其内部空间的真实面目便展现了出来，而保留其内部的粗糙工业化空间也是一种不错的选择。但是，设计的要求，尤其是全年使用该房间的需求，意味着必须按照规划继续实施改造。

12英尺高的窗户被切分为两部分：一部分成为了室内空间的东侧面，而另一部分则变成了面朝屋顶板上绿植的新窗户。房屋中央设有一个圆形的天窗，将飘忽的日光引入室内。与公寓配套的枫木地板被分割成可移动的面板，为人们提供了进入下层储藏空间的通路。

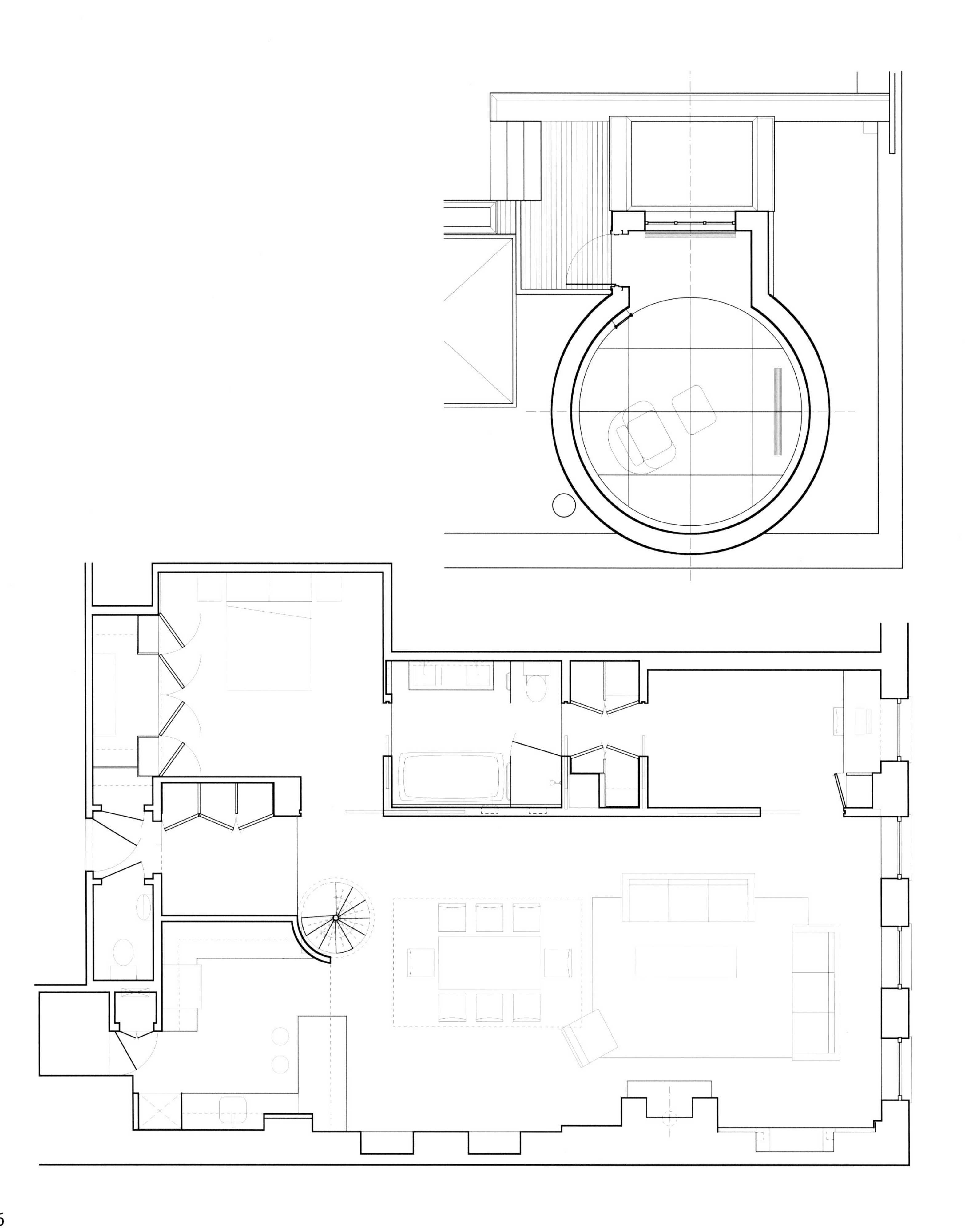

采用自然光照明的盥洗室的尺寸加倍，设有安静的高品质SPA、连续的石质地面、抛光的防水石膏墙壁、干净的玻璃淋浴间。在起居室和卧室中，如有可能，在隐藏的马桶漆面板后面都会设有新的储物设施。

Gaëlle Hamonic & Jean-Christophe Masson

阿巴迪 (Abbadie) 机库中的住宅

法国，巴黎

图片：Hervé Abbadie / Hamonic + Masson建筑事务所

建筑设计：
Gaëlle Hamonic & Jean-Christophe Masson

该设计的客户是一对育有孩子的夫妇，它们十分喜爱宽敞、现代的房屋设计，厌恶如同样品簿一般的郊区住宅。于是，他们决定摆脱传统巴黎公寓建筑风格的舒服，聘请一名建筑设计师为自己建造一个定制的住宅。正是凭着这种精神，他们大胆选择了年轻的设计师来完成这一项目。事实上，一个项目成功与否通常只是一个信心的问题。

在这个项目执行过程中，客户、建筑设计师和承包商之间建立起的联系恰恰完美展现了这一原则。该项目从第一份图纸到最终交工验收仅耗时一年的时间。建筑设计师对于此项目的投入程度与客户对他们的信心成正比。

这座老旧的外壳打开后通往位于巴黎老街区郊外的一条道路，这使得它成为了一个理想的住宅。严格说来，这个项目并不是一个翻新项目，而更像是一个剧烈的侵入，采用一种完全利用建筑场地的方法。

两种不同的环境被交织在一起：靠近道路的一侧，旧的房屋被保留了下来，它的屋顶和阁楼也同样没有变化。在这个区块的中心地带，也就是在旧机库的位置，新增的流畅空闲向四周蔓延。

房屋保留了外壳的尺寸（面积为192平方米，垂直至屋顶的高度为6米），中间被一个庭院（3米x6米）穿过。一个种植着柱子的18平方米的空间被当做了花园，这里能为所有的房间带来光线和花园的美景。

为了保留其原有的特点，房屋朝向街道的外立面事实上并未改变。这种谨慎的选择以及对周围建筑物的尊重将会使生活在这个旧巴黎朴素单向街道的居民们更容易接受这个住宅项目。

穿过门口，访客将会被引入一个巨大、极端开放的空间（起居室）里，这里直接向庭院敞开，日常生活的各项活动都在这里发生。不同的空间通过光线交互和空间对比被连接了起来。没有门，便没有障碍。房屋的过渡则表现为精致的过滤形式：一座竹子组成的篱笆将庭院包围了起来；一系列透明或半透明的聚碳酸酯幕墙将厨房、餐厅、休闲厅和办公室分隔开来。

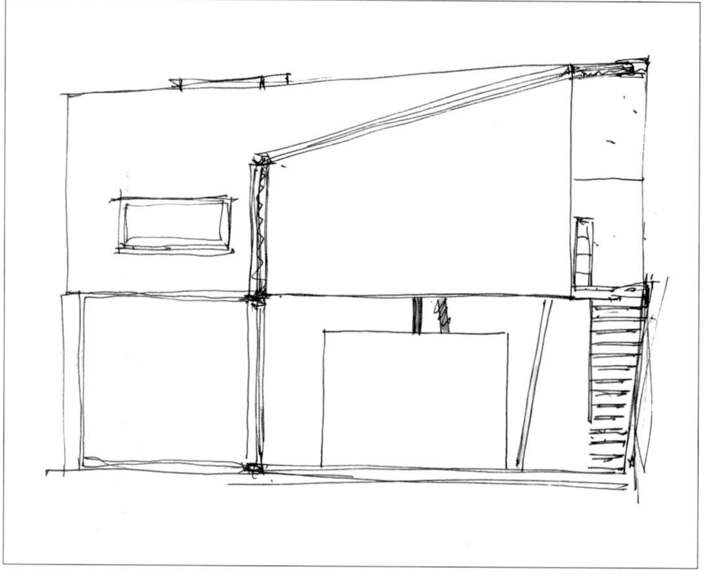

在装修这座房屋的过程中，建筑师避免过分做作地使用装修材料，仅仅采用了一些基本的材料：如金属结构、白色或彩色的隔断、玻璃幕墙。

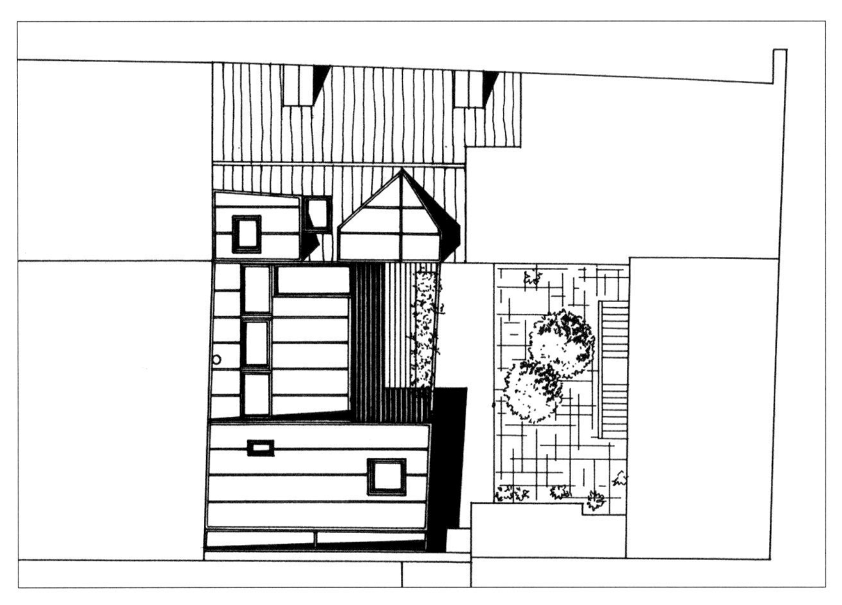

孩子们生活在走廊一侧的复式房间中，他们有自己的楼梯和盥洗室。在地面的尽头是父母的房间，抬头就可以看到巴黎的天空。

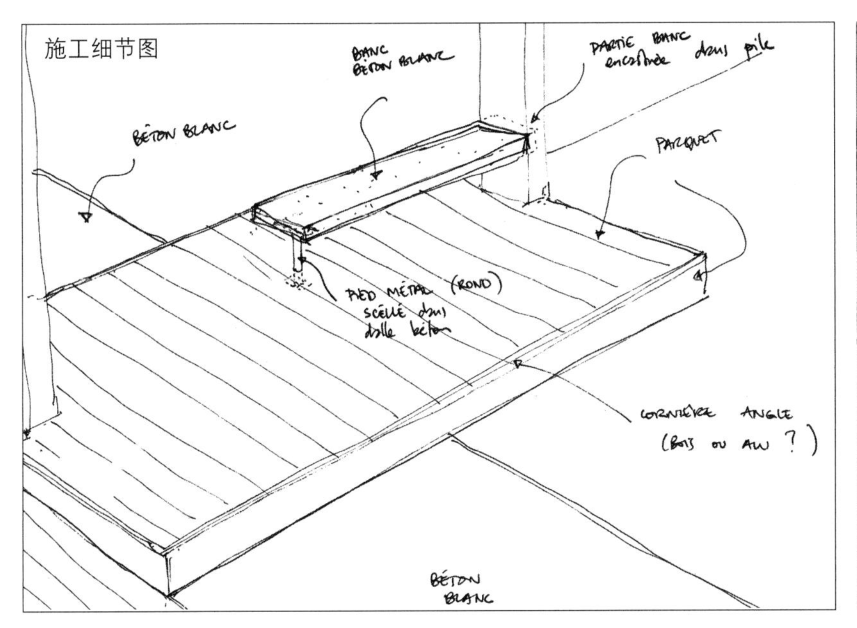
BÉTON BLANC
BANC
BÉTON BLANC
PARTIE BANC
encastrée dans pile
PARQUET
PIED MÉTAL (ROND)
scellé dans
dalle béton
CORNIÈRE ANGLE
(BOIS OU ALU ?)
BÉTON
BLANC

施工细节图

施工前的平面图

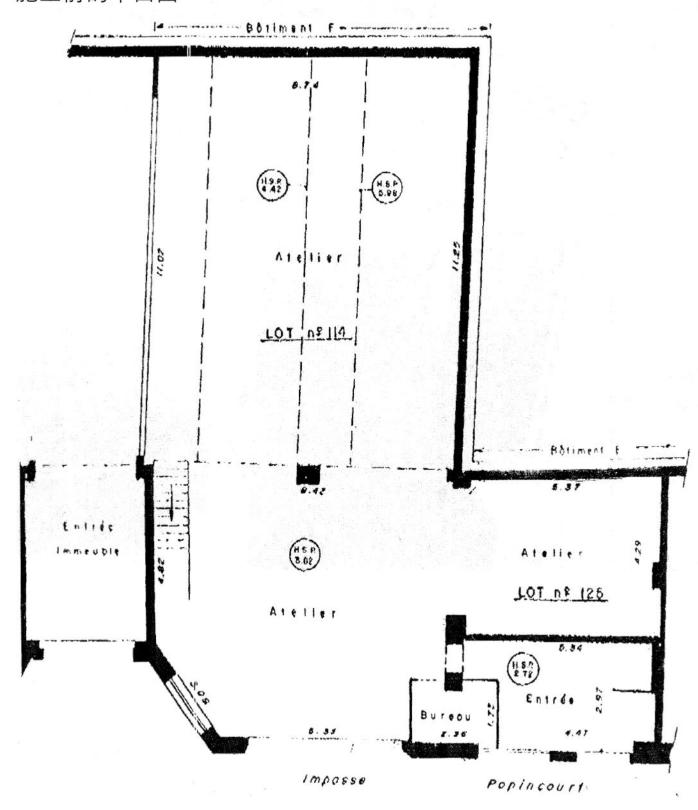
Bâtiment E
Atelier
LOT nº 114
Bâtiment E
Entrée
Immeuble
Atelier
LOT nº 125
Atelier
Bureau
Entrée
Impasse
Popincourt

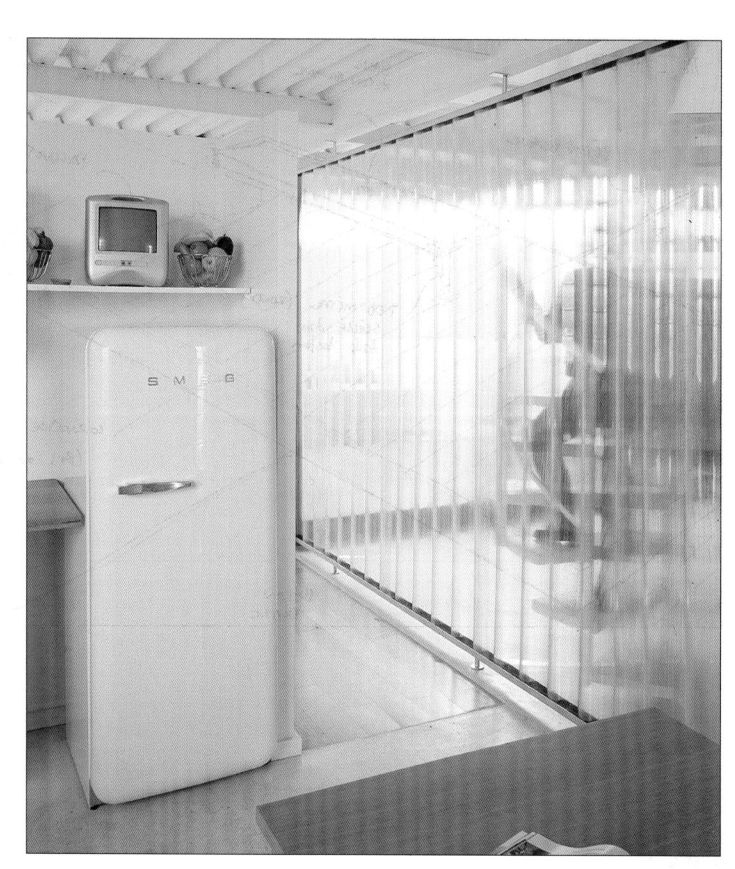
SMEG

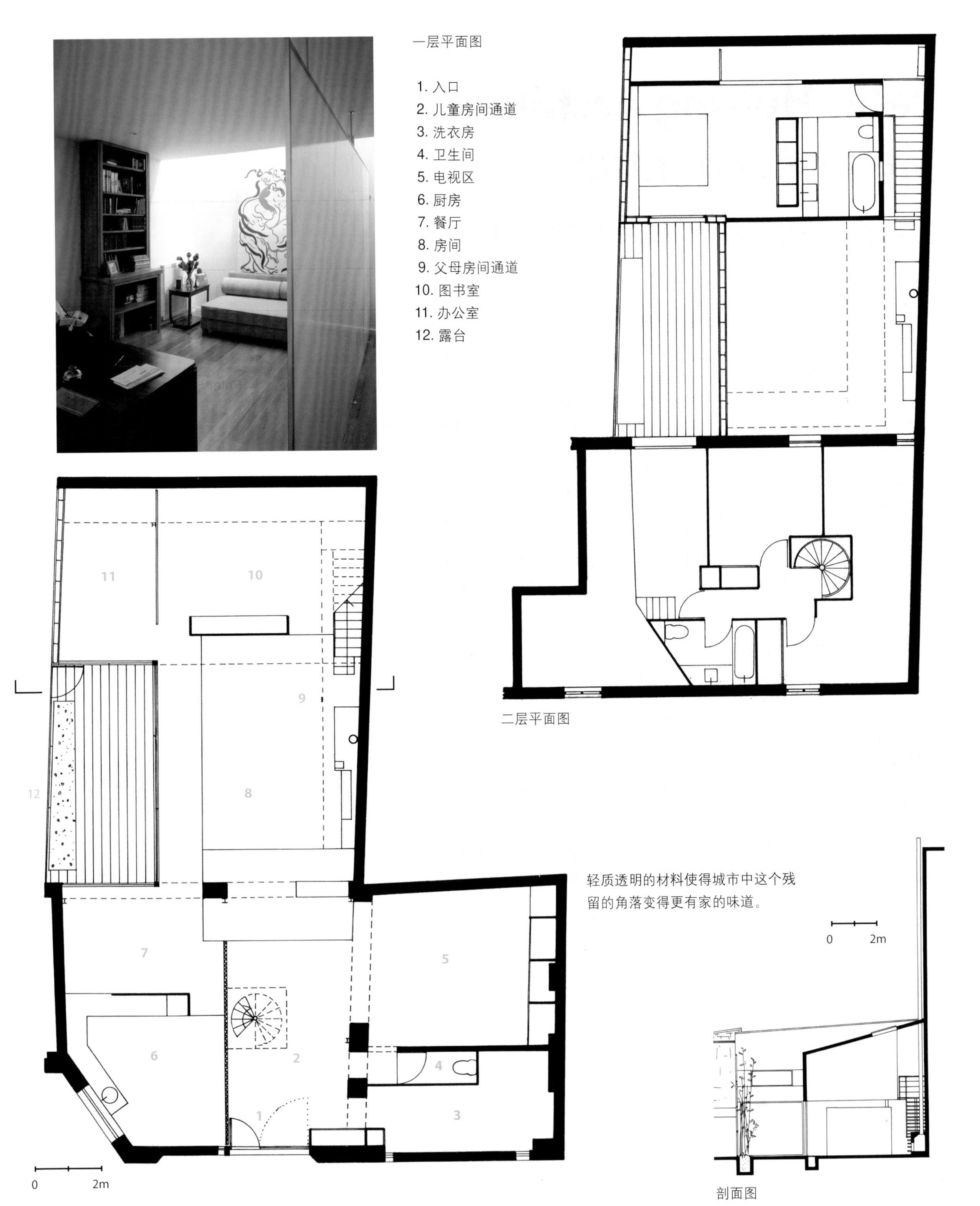

轻质透明的材料使得城市中这个残留的角落变得更有家的味道。

Peter Hulting Architect Meter Arkitektur

盖斯特・阿皮恩斯 (Guest Appearance)

瑞典，哥德堡

图片：James Silverman

建筑设计：
Peter Hulting建筑事务所
Meter建筑事务所

该设计的内容是将一个老旧的农场改造成一对夫妇的新家。当瑞典建筑师彼得・浩庭（Peter Hulting）接手这个工作时，他便意识到自己有机会创造出一个朴素、敏感的居家空间，与房屋周边环境和毗邻的广阔风景连接起来。这对夫妇只明确提出了房屋要采用混凝土底板和黏土烧制的屋顶瓦，而他们对自己未来房屋的愿景是"房屋要有尊严地老去"，因此，该设计的关键便是朴素简洁和高品质的技艺。

这座小型避暑别墅位于瑞典西海岸半岛，走进别墅你立刻会被其内部面积达50平方米（538平方英尺）的地板空间所触动。从家具到照明灯饰，每一样东西的设计都被用来加强建筑形状和尺寸所带来的观感——细长的日式桌子和长凳、长长的钢管制烟囱，烟囱将你的视线从燃烧的炉火一直引向头顶的木质天花板。

混合使用木料、混凝土和石膏制造出一系列具有质感的表面，每一寸都各不相同，交相呼应。光滑的混凝土地板设有水暖系统，而房屋外部的落叶松木和屋顶上铺设的可再生黏土瓦片使得整座建筑在这个图画般的景致中坐落得恰到好处。为了将可利用空间最大化，浩庭（Hulting）选择了开放式平面设计。房屋的正面采用了巨大的玻璃，可以俯瞰南面的风景。此处还设置了滑动门，随时可以隔离出一个内部空间，同时还能让客房内部在夏季保持凉爽。将紧凑模式应用于如此狭小的空间是该设计理念的核心，而且某种程度上得到了实现：房屋主要空间内的分隔墙从功能上更像是一间巨大的家具。在另一头，一座衣柜还充当着分割卧室与房屋其他区域的功能。在衣柜的背面，它又变成了卧床尾部的一套书架。这个区域设有两个双层床，另外还配备了一个设计简约的阿尔夫・史特林"Birå 4"碗橱，避免了视觉上的凌乱感。

在卧室的左侧，两扇滑动门将卫生间和淋浴间隐藏了起来。地板采用标准白色瓷砖按照"砌砖式"铺设并采用暗灰色砂浆补缝，外围采用葡萄牙石包边，两者形成了鲜明的对比。

厨房位于一半内凹的区域，其位置摆放十分巧妙，并没有进入整体空间的开放式布局设计中。厨房中的不锈钢材料与光彩限量的纯手工葡萄牙瓷砖形成了美妙的对比。

Oliver

餐桌和餐凳的形状烘托了这个空间的氛围。巨大的滑动玻璃门提供了很好的视野，也为进入室外的平台提供了简便的通道。

Viva Italia!
Den underbara matresan
Babyliv
Tapas

Non Kitch Group bvba

建筑学与生活方式

比利时，科克赛德 (Koksijde)

图片：Jan Verlinde

建筑设计：
Non Kitch集团有限公司

对于任何设计师来说，将布鲁日的一家老旧罐头厂改造成一座令人印象深刻的阁楼式住宅都是一个巨大的挑战，其中也包含着无数诱人的可能性。该设计项目由建筑师琳达·阿斯科特（Linda Arschoot）和设计师威廉·斯维特拉夫（William Sweetlove）负责，他们两个是诺恩·凯奇（Non Kitch）集团的创始人。该设计最为引人注目的地方便是它那经过改造的屋顶，传统造型的屋顶采用了一个晶格结构的犬齿型支撑。设计师决定将房屋北侧的平行屋顶全都置换为玻璃屋顶，这些天窗将更多的自然光引入整个房间，类似于很多五环或艺术画廊的设计。由于该建筑具有可观的高度（6米，20英尺），这种设计改变意味着房屋室内空间将会转变成为一个室外广场。一个巨大的与建筑同高的房间直接向室外敞开，这个房间位于整个房屋空间的中央，它被一个夹楼包围，夹楼中设有厨房、餐厅、酒吧和电视间。在夹楼的下面，从起居室向下走三个台阶便是台球室、卧室、更衣室、健身房和盥洗室，它们直接通向一个小型花园。一个配有顶棚的水池位于房屋室外空间的一侧，水池采用了优雅的马赛克条装饰。这个室外区域不仅提供了更好的视野，还提升了空间的规模。

建筑还保留着一些工业制造感，比如它采用了金属门、加热管、独立厨房、镀锌铁质楼梯，而透过与屋顶平行的天窗能够看到老旧的工厂烟囱。与该建筑室内所展现的极简抽象艺术风格的苦行主义相反，诺恩·凯奇集团却将自己定义为孟菲斯（Memphis）集团的继承者，秉承他们诙谐、多彩的美学主义。该设计的一个前提就是创造一个适合的空间供人欣赏房屋主人的私人收藏的艺术品。房屋内的家具具有很强的冲击力，它们都像是为这个宽敞阁楼专门设计定制的。家具设计师包括艾托尔·索特萨斯（Ettore Sottsass）、菲利普·斯塔克（Philippe Starck）、伯瑞斯·斯皮克（Boris Spiek）、让·努维尔（Jean Nouvel）、诺曼·福斯特（Norman Foster）以及该建筑的设计师本人。

Viva Italia!
Den underbara matresan
Babyliv
Tapas

Non Kitch Group bvba

建筑学与生活方式

比利时，科克赛德 (Koksijde)

图片：Jan Verlinde

建筑设计：
Non Kitch集团有限公司

对于任何设计师来说，将布鲁日的一家老旧罐头厂改造成一座令人印象深刻的阁楼式住宅都是一个巨大的挑战，其中也包含着无数诱人的可能性。该设计项目由建筑师琳达·阿斯科特（Linda Arschoot）和设计师威廉·斯维特拉夫（William Sweetlove）负责，他们两个是诺恩·凯奇（Non Kitch）集团的创始人。该设计最为引人注目的地方便是它那经过改造的屋顶，传统造型的屋顶采用了一个晶格结构的犬齿型支撑。设计师决定将房屋北侧的平行屋顶全都置换为玻璃屋顶，这些天窗将更多的自然光引入整个房间，类似于很多五环或艺术画廊的设计。由于该建筑具有可观的高度（6米，20英尺），这种设计改变意味着房屋室内空间将会转变成为一个室外广场。一个巨大的与建筑同高的房间直接向室外敞开，这个房间位于整个房屋空间的中央，它被一个夹楼包围，夹楼中设有厨房、餐厅、酒吧和电视间。在夹楼的下面，从起居室向下走三个台阶便是台球室、卧室、更衣室、健身房和盥洗室，它们直接通向一个小型花园。一个配有顶棚的水池位于房屋室外空间的一侧，水池采用了优雅的马赛克条装饰。这个室外区域不仅提供了更好的视野，还提升了空间的规模。

建筑还保留着一些工业制造感，比如它采用了金属门、加热管、独立厨房、镀锌铁质楼梯，而透过与屋顶平行的天窗能够看到老旧的工厂烟囱。与该建筑室内所展现的极简抽象艺术风格的苦行主义相反，诺恩·凯奇集团却将自己定义为孟菲斯（Memphis）集团的继承者，秉承他们诙谐、多彩的美学主义。该设计的一个前提就是创造一个适合的空间供人欣赏房屋主人的私人收藏的艺术品。房屋内的家具具有很强的冲击力，它们都像是为这个宽敞阁楼专门设计定制的。家具设计师包括艾托尔·索特萨斯（Ettore Sottsass）、菲利普·斯塔克（Philippe Starck）、伯瑞斯·斯皮克（Boris Spiek）、让·努维尔（Jean Nouvel）、诺曼·福斯特（Norman Foster）以及该建筑的设计师本人。

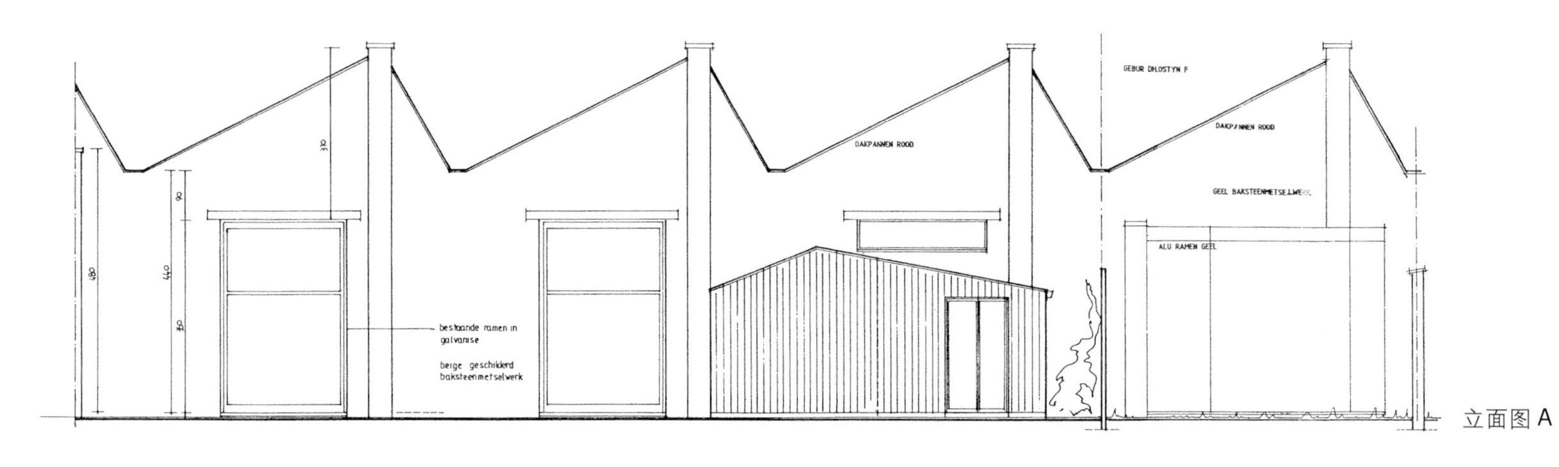
310
90
480
440
350
bestaande ramen in
galvanise
beige geschilderd
baksteenmetselwerk
DAKPANNEN ROOD
GEBUR DHLOSTYN F
DAKPANNEN ROOD
GEEL BAKSTEENMETSELWE
ALU RAMEN GEEL

立面图 A

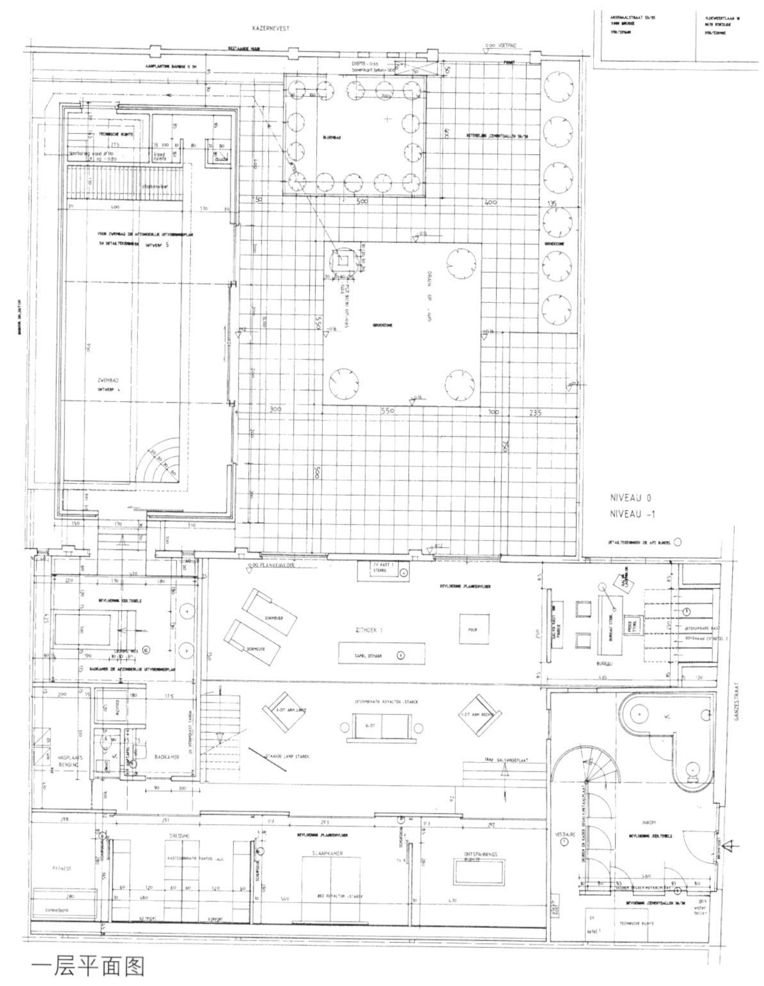

一层平面图

这个设计的一个目的就是创造出一个适合的空间供房屋主人欣赏自己私人收藏的艺术品。家具在房屋中是一种强有力的存在，它们由艾托尔·索特萨斯（Ettore Sottsass）、菲利普·斯塔克（Philippe Starck）、伯瑞斯·斯皮克（Boris Spiek）、让·努维尔（Jean Nouvel）、诺曼·福斯特（Norman Foster）和建筑师们本人，这些东西都像是专门为这个宽敞的复式房屋量身定做的。

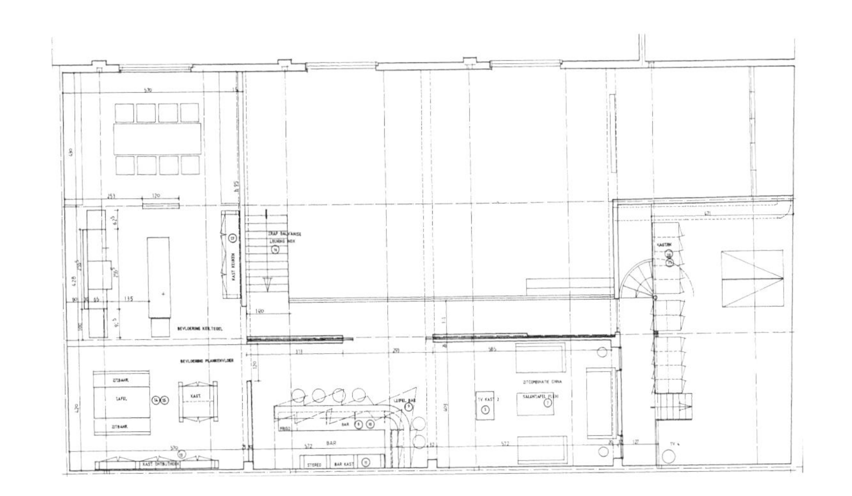

二层和三层

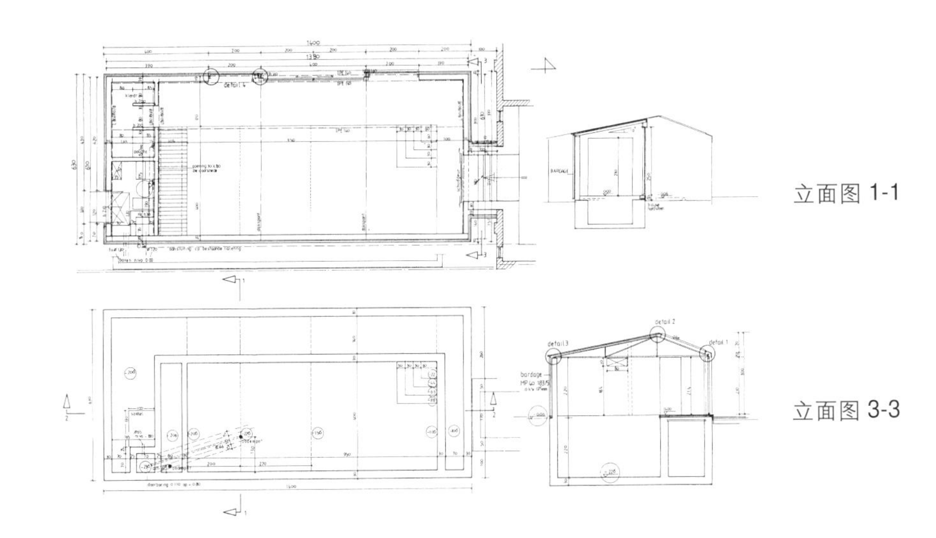

立面图 1-1

立面图 3-3

一层平面图

贯穿这座复式住宅中的金属元素制造出了一种工业感，使人回想起这座建筑之前的用途。位于中央的厨房和其简单结构所展现的情绪和对比感正是非厨房区域所需求的。

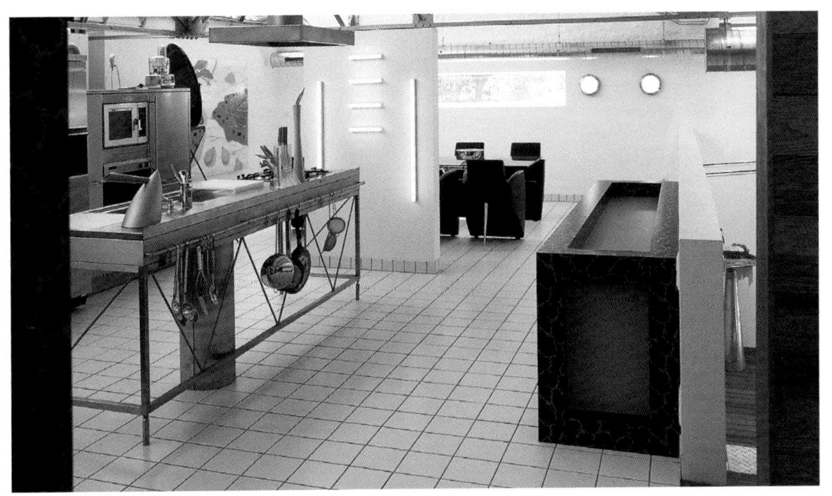

Johanna Grawunder

米兰海岸别墅

意大利，米兰

图片：Santi Caleca

建筑设计：
Johanna Grawunder

这个海滩别墅的室内设计是为了找寻当前房屋开放空间的“精髓”，并给予最大的尊重。

通过将原有的混凝土结构涂成哑光黑使其更为突出，从而令该结构成为该建筑中最引人注目的一部分。设计着重于创造简洁优雅的空间并使用便宜的材料，在建筑结构定义室内空间的同时让房屋的每一个区域都尽可能地开放。

在这个异常坚固的结构栅格内，专门设计出少数的空间以满足对私密性的需要。为了显示对主要的梁柱式建筑结构的尊重，少数墙壁被设计成单独的空间体，它们在结构栅格下挤成一团。

油漆被用来定义空间并制造出不同的效果，结构栅格为黑色，天花板为淡蓝色，室内空间则采用不同的绿灰渐变色。经过精心挑选的装修装饰和家具用以创造出一种特殊的环境，它能让不同层次的高雅感和谐共存——一些定制的部件与其他简单、低廉、工业生产的家具混合使用。这座房屋包括了一间主卧室和盥洗室、一间简易厨房和一个开放式的起居区域。一扇滑动门将卧室与主房间分隔开，这样卧室可以随时向房屋的其他空间敞开。该设计的重点是让日常使用和移动在室内空间中获得最大的灵活性。

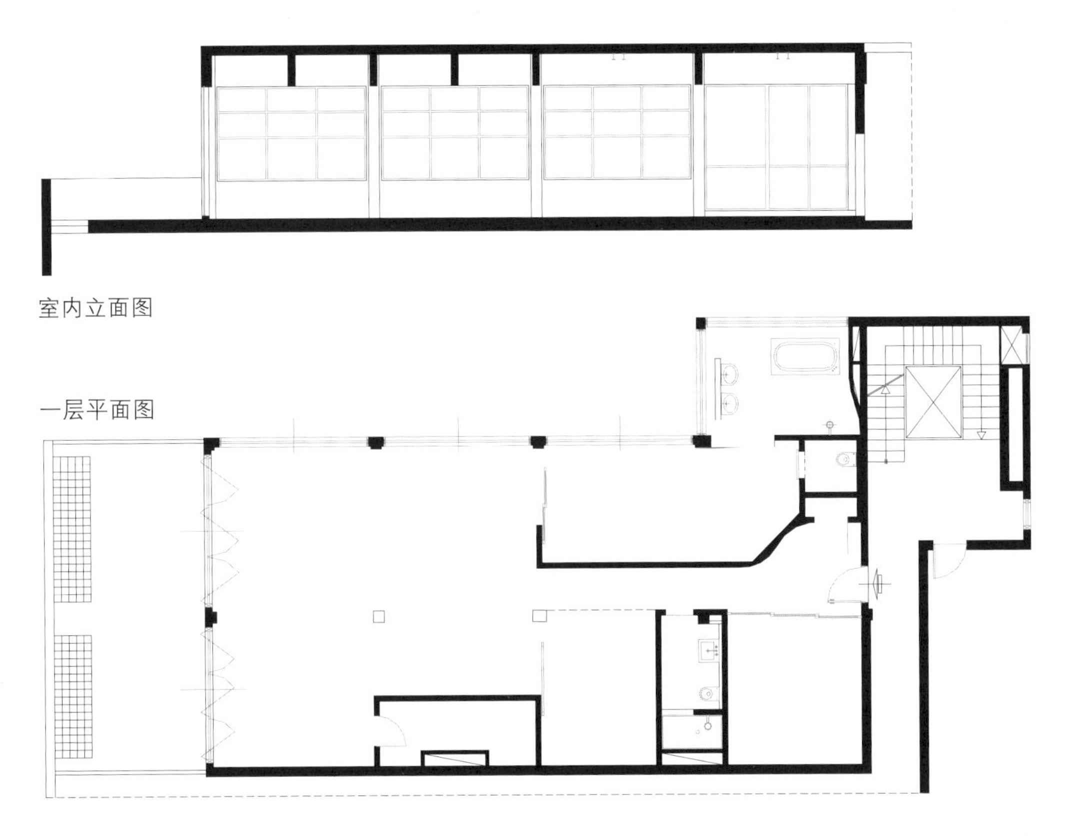
室内立面图

一层平面图

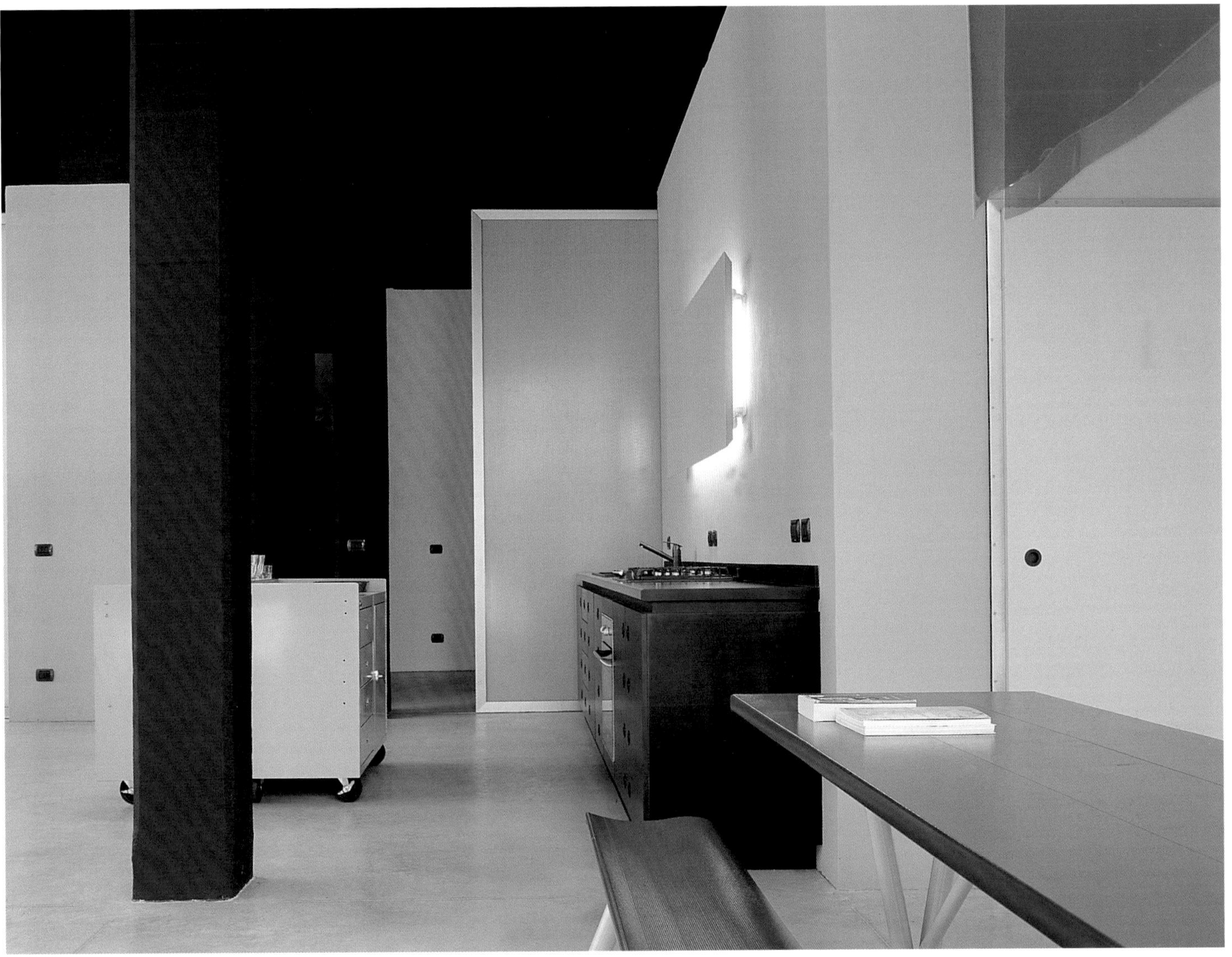

Combarel & Marrec

菲亚特 (Fiat) 阁楼

法国，巴黎

图片：Benoît Fougeirol

建筑设计：
Combarel & Marrec

该建筑位于巴黎区的后端，这一区域基本上被大量的工作室所占据。这座建筑就坐落在一个光线充足的后院中，而这块地方填满了各种建筑，它只能紧紧地挤入到其他建筑物之间，而这些建筑物在高度上要更胜一筹。因此，如何将光线引入房屋室内成为了这个新设计的核心关注点。

需要重建的空间包括三个不同的区域：配有顶棚的后院（不知何时，一个玻璃顶棚被临时放置在后院中）；位于一层的地下室和客房，房屋的一层被抬高，而且无法从建筑的楼梯井进入该层。

在这样一个四周被遮蔽的区域，只能通过玻璃屋顶来获得少许的自然光线。因此，该设计的目标和挑战也就变成了如何赋予这个水平面类似于传统外观的品质和状态，同时还必须能够承受屋顶和天花板本身的特点。

屋顶及其所有的部件都是为了获得更好的视野和更多的自然光，其外壳被设想成一种潜望镜用来搜寻天空的片段和周边的建筑景观，并把它们带回到公寓里供居住者欣赏。

因此，光线和环境被打破并重组成一幅安详的图画。玻璃屋顶变成了一个超大的万花筒，将房屋周边的景色呈现为移动、破碎的图画。作为一个室外空间，房屋的庭院也包含在室内设计布局中，玻璃屋顶好似一个反转的遮蔽面，为庭院加上了一个盖子。

整个公寓都是围绕着这个反转的房间而建造，而这个房间由连通天花板和地板的玻璃面板构造而成，这样可以随时根据对于私密性的需求而重新组织室内空间。

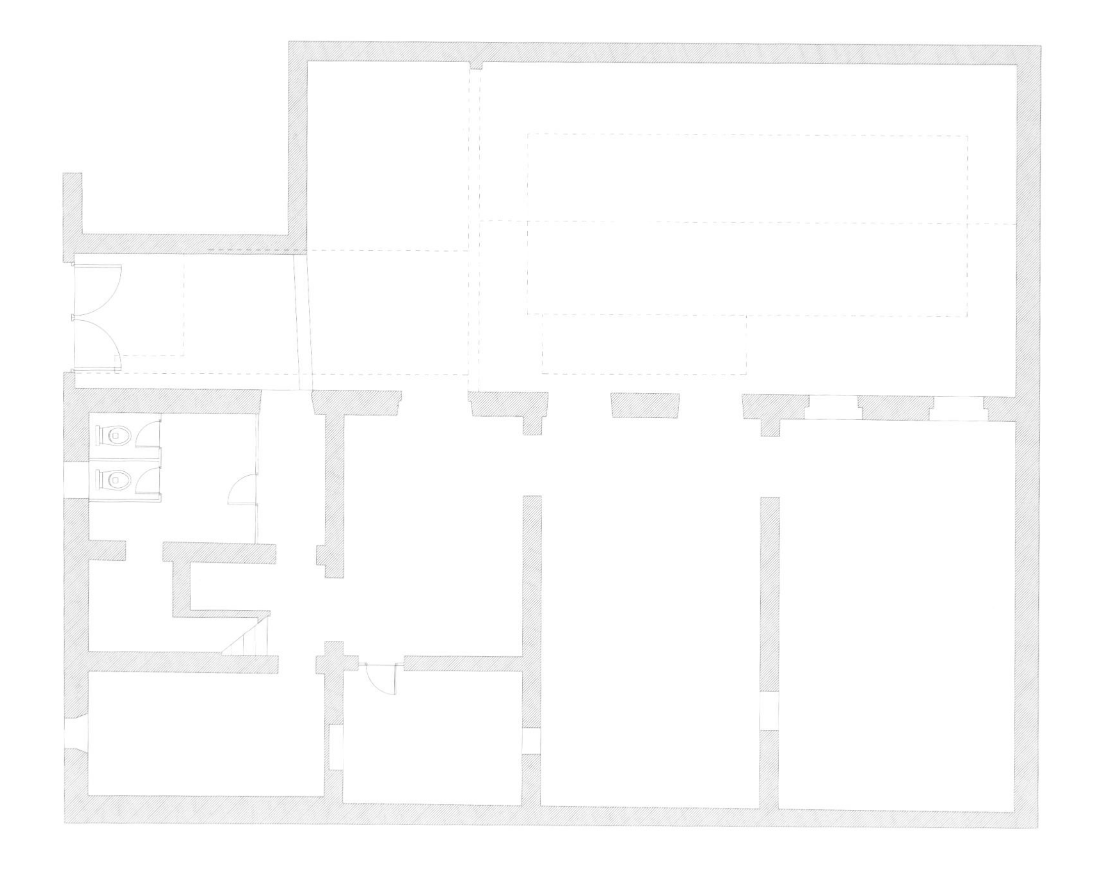

当前的楼层平面图

建筑物的所在地曾经是一个光线充沛的庭院并且在过去的几年里建造了一些建筑结构，正因为此，现在这里被更高的建筑物包围了。毫无疑问，建筑需要采用常规外立面，真正的挑战是如何将水平面处理成屋顶和外立面。

BOSTON

一层平面图

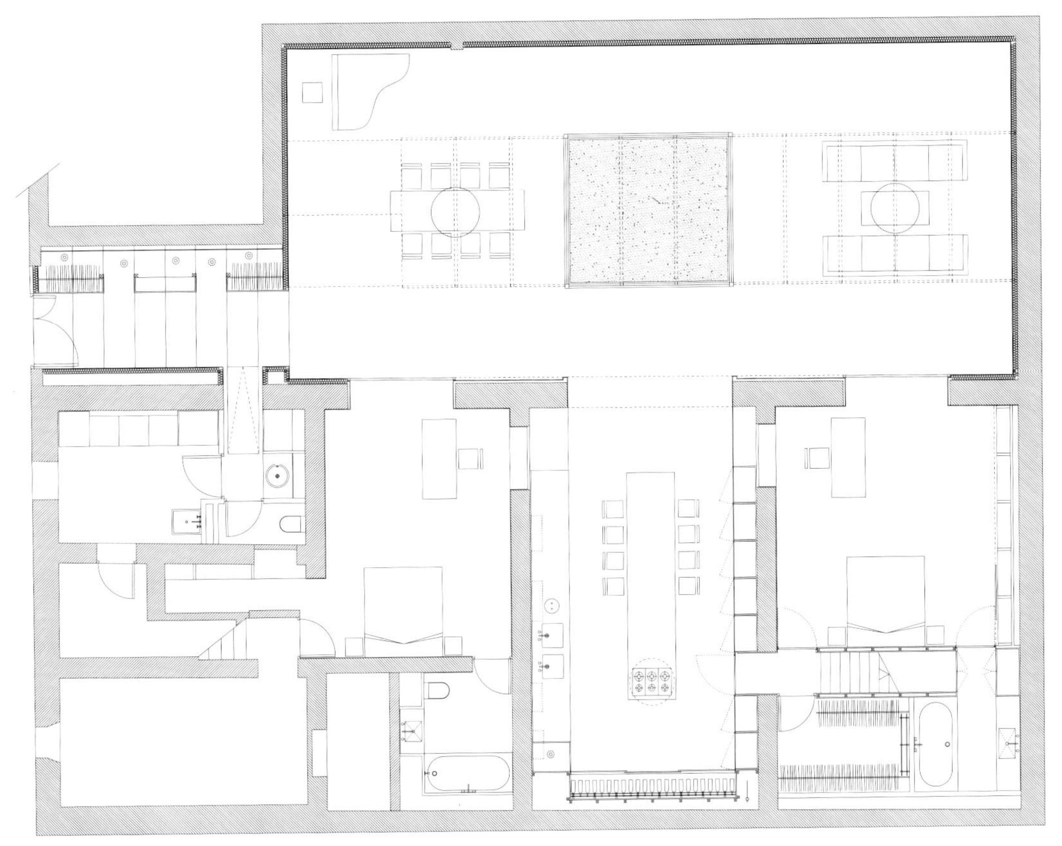

二层平面图

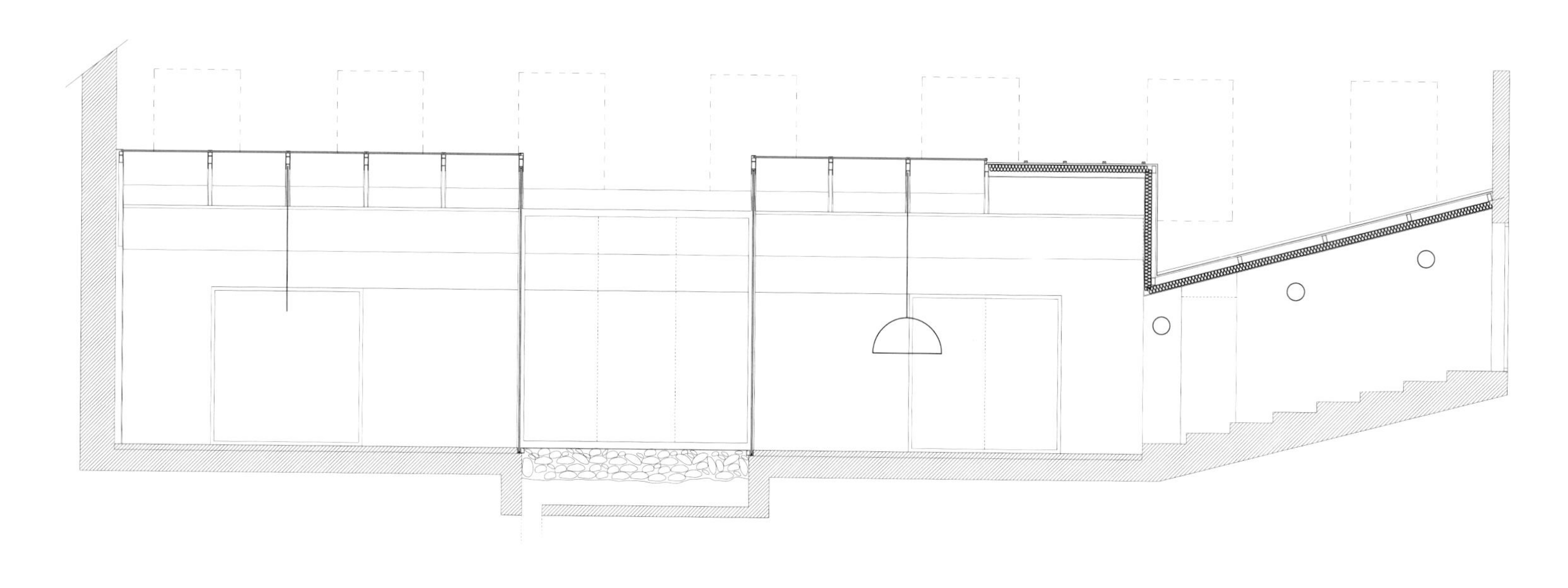
侧剖面图

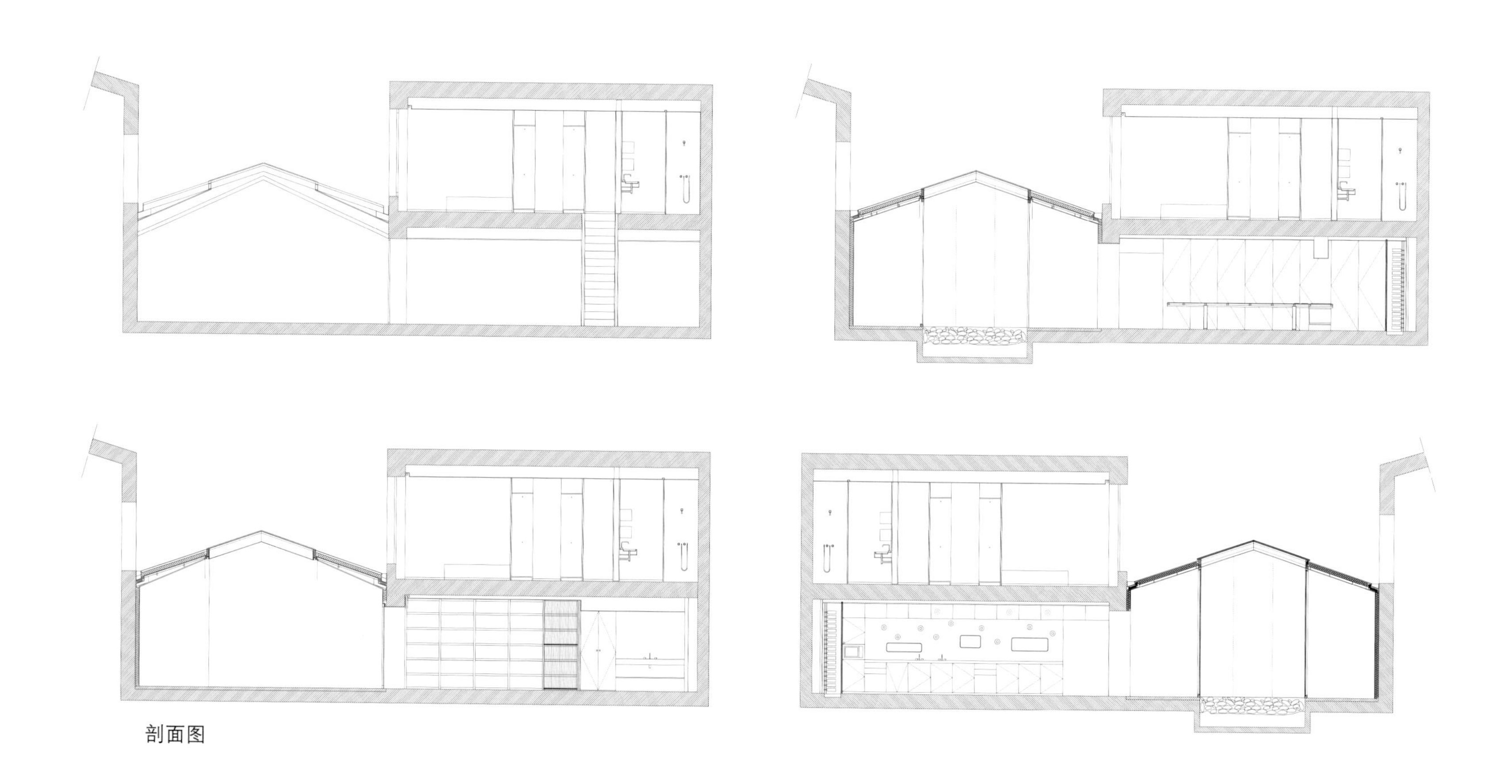
剖面图

Christian Pottgiesser

加尔瓦尼 (Galvani) 路的住宅

法国，巴黎

图片：Gert von Bassewitz & Pascale Thomas

建筑设计：
Christian Pottgiesser

该房屋设计项目的内容是利用一座现存的私人住宅后面的一块140平方米的狭长区域进行扩建，从而满足七个人的居住需求。设计的主旨是完整地保留原有的花园，同时允许在该区域建造新的建筑。这种自相矛盾的需求正是该项目的关键所在。抛开客户的要求不谈，根据园林部门对于现场的日本臭椿和酸橙树的保护要求，使得完全使用临街的施工现场变得不再可能。同时，建筑师还需要遵循20世纪早期的规定，不得在这一区域建造超过一层的房屋，此外还不能阻挡现存建筑的视线。

石材被用于装饰巴黎式风格的水池，其周围的建筑也采用了相同的石材。建筑现场的墙壁、建筑结构部件、地板和楼板都采用了钢筋混凝土。房屋的主墙壁采用了坚硬的石材和胶合板，还用了预制石膏进行装饰。楼梯、窗户、滑动门和车库门则采用了未经处理的坚实绿柄桑木，而表面涂蜡的柚木则被用于制作镶花地板。花园中则采用了铁路枕木、鹅卵石和砌石。

Christian Pottgiesser

加尔瓦尼 (Galvani) 路的住宅

法国，巴黎

图片：Gert von Bassewitz & Pascale Thomas

建筑设计：
Christian Pottgiesser

该房屋设计项目的内容是利用一座现存的私人住宅后面的一块140平方米的狭长区域进行扩建，从而满足七个人的居住需求。设计的主旨是完整地保留原有的花园，同时允许在该区域建造新的建筑。这种自相矛盾的需求正是该项目的关键所在。抛开客户的要求不谈，根据园林部门对于现场的日本臭椿和酸橙树的保护要求，使得完全使用临街的施工现场变得不再可能。同时，建筑师还需要遵循20世纪早期的规定，不得在这一区域建造超过一层的房屋，此外还不能阻挡现存建筑的视线。

石材被用于装饰巴黎式风格的水池，其周围的建筑也采用了相同的石材。建筑现场的墙壁、建筑结构部件、地板和楼板都采用了钢筋混凝土。房屋的主墙壁采用了坚硬的石材和胶合板，还用了预制石膏进行装饰。楼梯、窗户、滑动门和车库门则采用了未经处理的坚实绿柄桑木，而表面涂蜡的柚木则被用于制作镶花地板。花园中则采用了铁路枕木、鹅卵石和砌石。

该建筑的主要结构部分是一个高出道路水平面1.2米的不规则平面。在这个平面上建造了一个钢筋混凝土板，根据穿过它的其他建筑部分或是根据循环、照明和布局的要求，这个钢筋混凝土板在不断变化着体积和宽度。

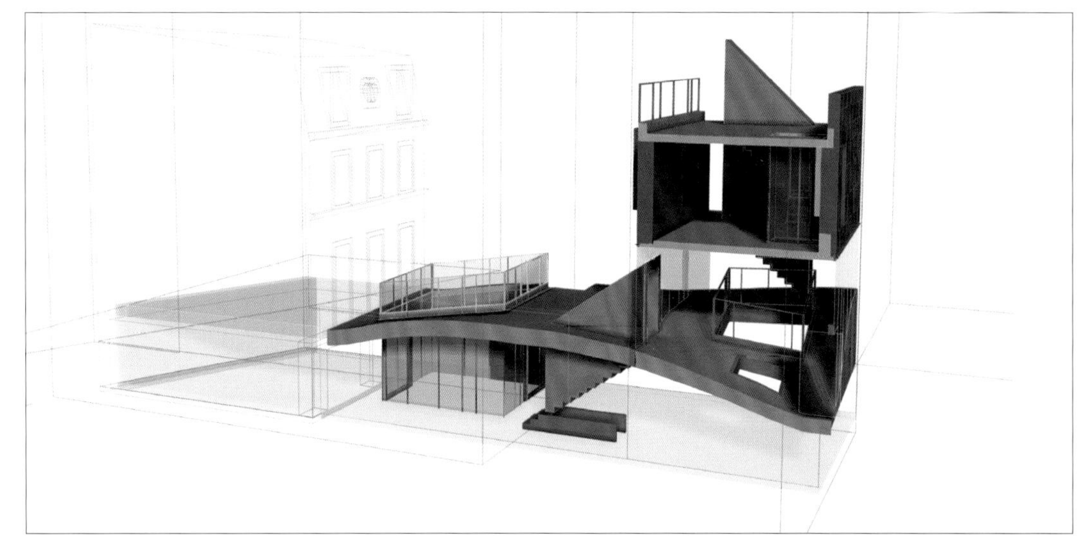

设计的主旨是必须完整地保留原有的花园，同时允许在此处增加新的建筑结构。这一显而易见的矛盾成为了此项工程的核心。房屋位于较低的地面，而花园则位于较高的地面。汽车可以停在架高的混凝土板上。

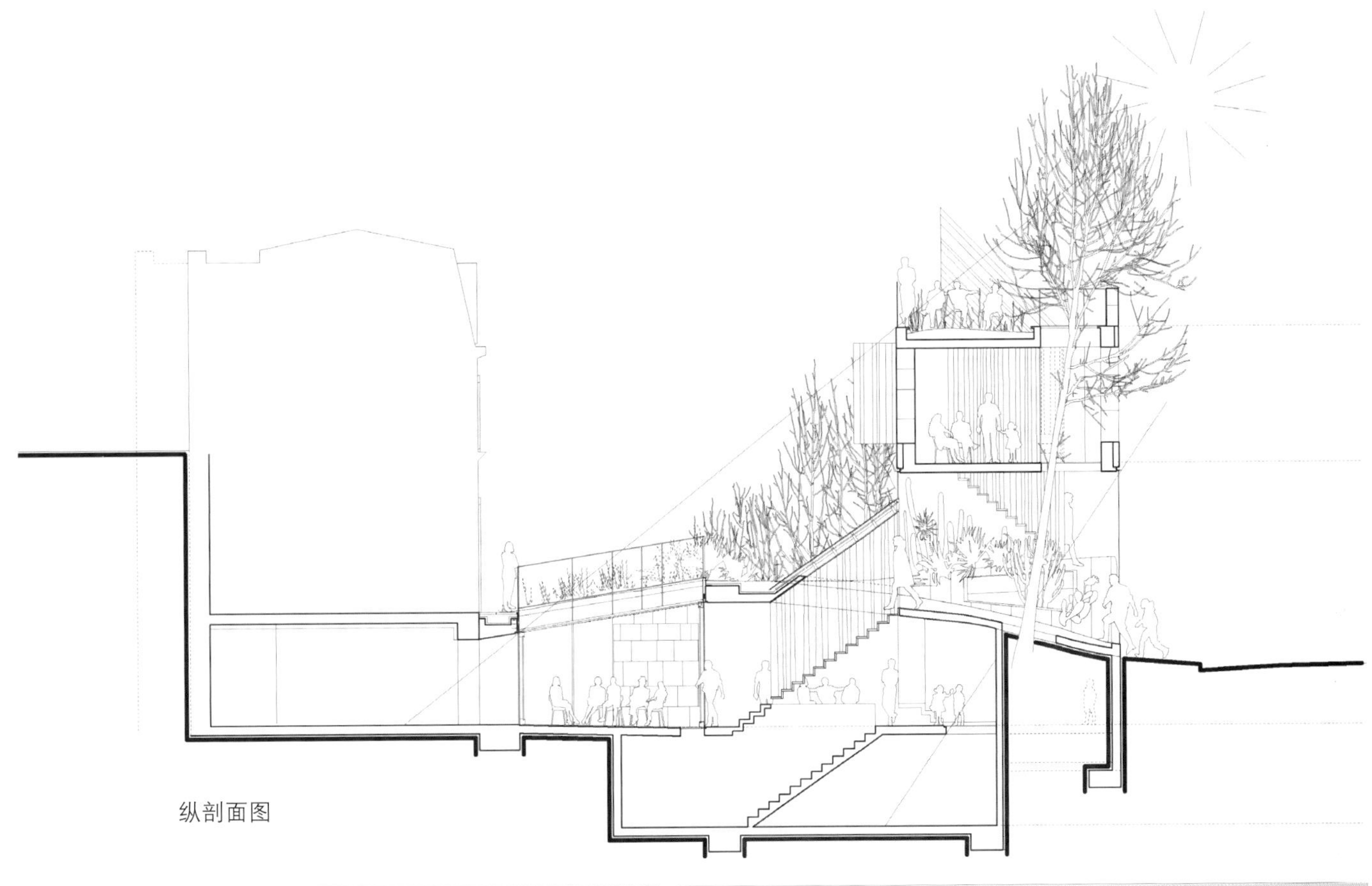

纵剖面图

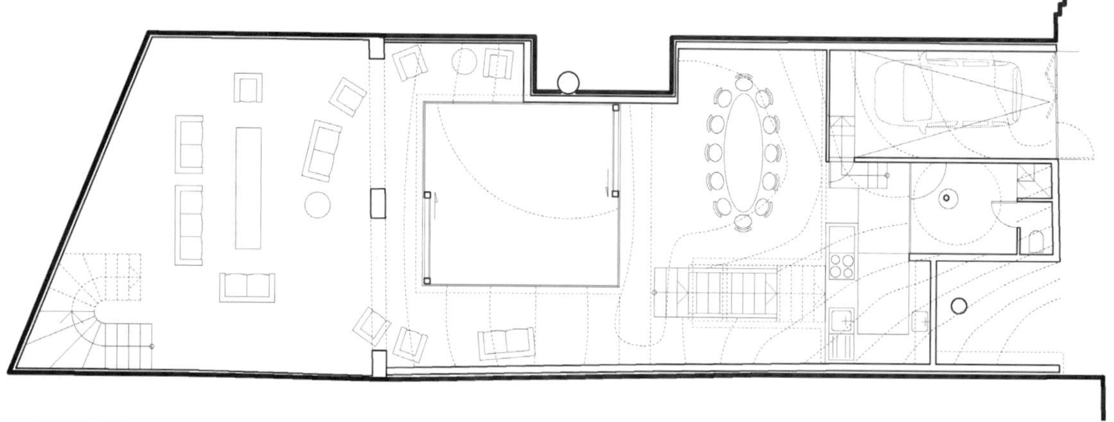

一层平面图

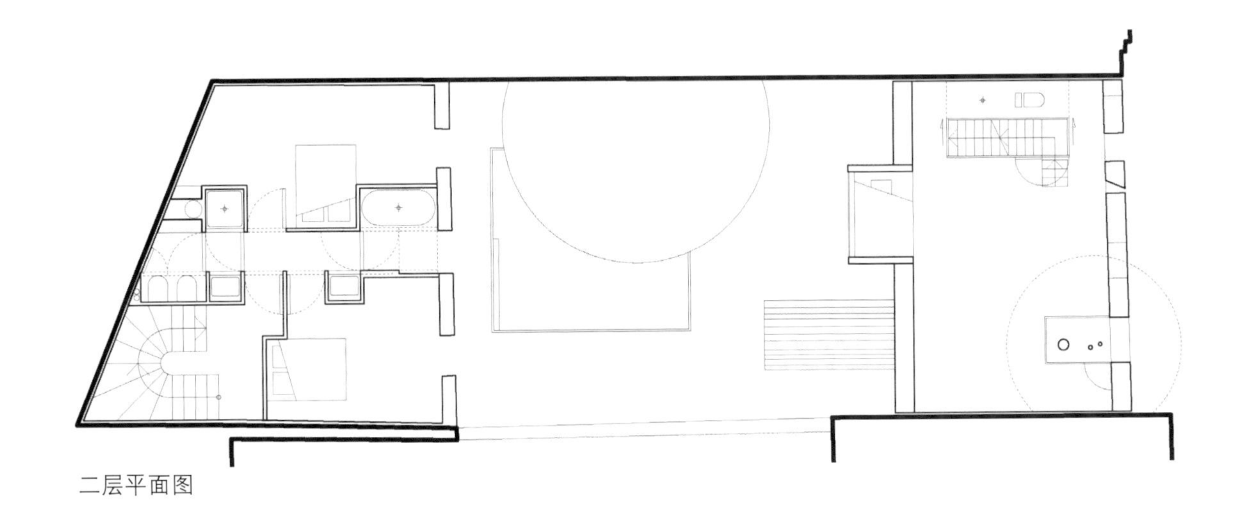

二层平面图

Architecture W

M住宅

日本，名古屋

图片：Andy Boone

建筑设计：
W建筑事务所

建筑所在地位于名古屋最具吸引力的住宅区之一，这里的高度差达7米，并且只有一条2.5米宽的单向路，大家用“没有建造的可能”来形容这个地方。M住宅正是在这种环境条件下建成的，它是为秉行简单现代生活方式的一名美国业主/建筑师及其家人而设计的。

这座四层建筑（半地下室、入口层、二层、屋顶板层）要比它看起来复杂得多。除了房屋所在地带来的挑战外，这座房子的设计服务对象是一个拥有不同国籍/不同年龄层次成员的大家庭，此外还需要在这个传统狭窄的日本住宅区里尽可能地获得良好的视野、阳光和微风。事实上，这座建筑所在地所带来的困难恰好也是其优势所在——建筑位于一座悬崖边上，可以俯瞰整个名古屋的背部。

在房屋的最低层，建筑结构与一个新增的挡土墙连接了起来，从而形成了一个公寓。日本人的观念是要在父母年老的时候照顾他们，而这个公寓则是该观念的现代式转变。为了与该住宅隔离开来，这个公寓设有单独的厨房、盥洗室、入口。通过一个室外楼梯，客户的岳父母可以进入自己公寓，在享受此处的好处时拥有自己的私密空间。此外，他们可以随时在公寓前的花园里跟自己的儿孙们玩耍。

在房屋的入口层设有停车位、汽车掉头区、进入室内的门厅、卧室和主盥洗区域。此处的建筑结构支撑着两个钢桁架，将停车位上方的房屋部分支撑起来，从而避免阻挡入口。在支撑钢桁架的下面设有一个小池塘，将阳光反射进盥洗区域中。这片盥洗区域设有木制澡盆，这里是这个日本家庭的生活中心，而玻璃幕墙则被用来将这片区域与入口区域分隔开来。

房屋的西南角设有一个食品室/客用浴室，而房屋的最顶层则是一个单独的开放空间作为主要的起居区域。钢桁架形成了一个超过5米的悬臂，它埋在储藏室和厨房橱柜的两面墙壁后面，这种结构使得盒型钢结构的南北两面可以采用滑动的玻璃幕墙。当玻璃幕墙滑开时，整个房间就变成了一座露台，人们可以尽情享受美丽的景色和怡人的微风。房屋的屋顶板层同样提供了一个大型的室外聚集地，可供人们举行娱乐活动。

房屋的东侧和西侧的墙壁内部采用了钢筋混凝土结构系统、钢铁外包混凝土和钢筋3米高的钢桁架，这样就可以在房屋的北侧和南侧外立面上采用滑动玻璃幕墙，以便捕获当地的魅力之处：视野、光线和微风。

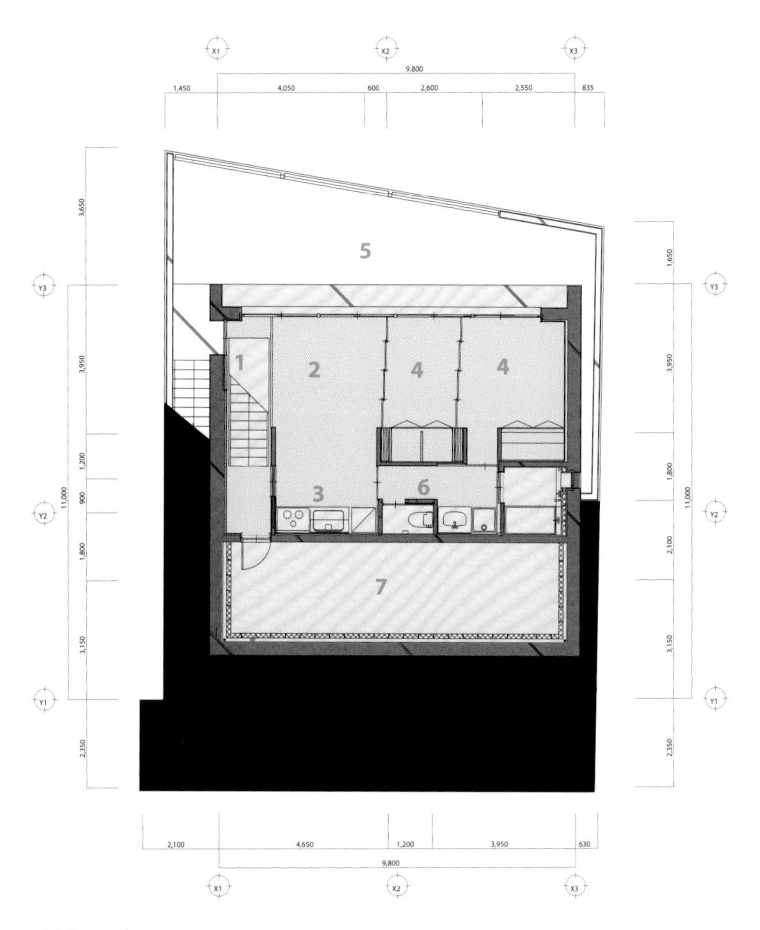

1. 入口
2. 起居室－餐厅
3. 厨房
4. 卧室
5. 后院
6. 盥洗室
7. 储藏室
8. 衣橱
9. 停车位
10. 池塘
11. 客房

地下室平面图

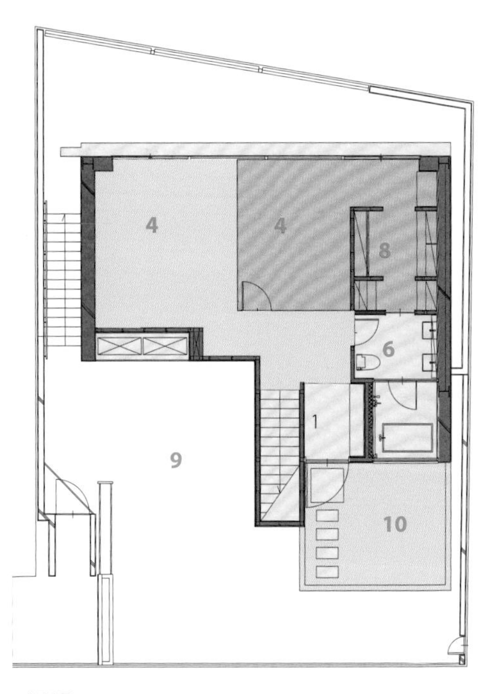

一层平面图

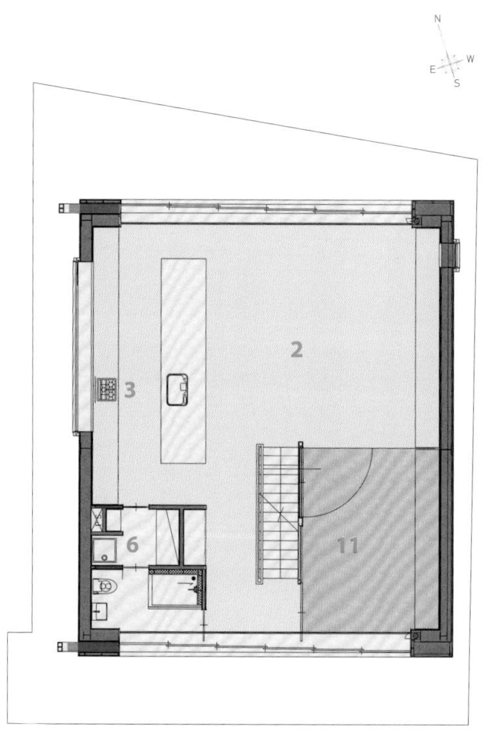

二层平面图

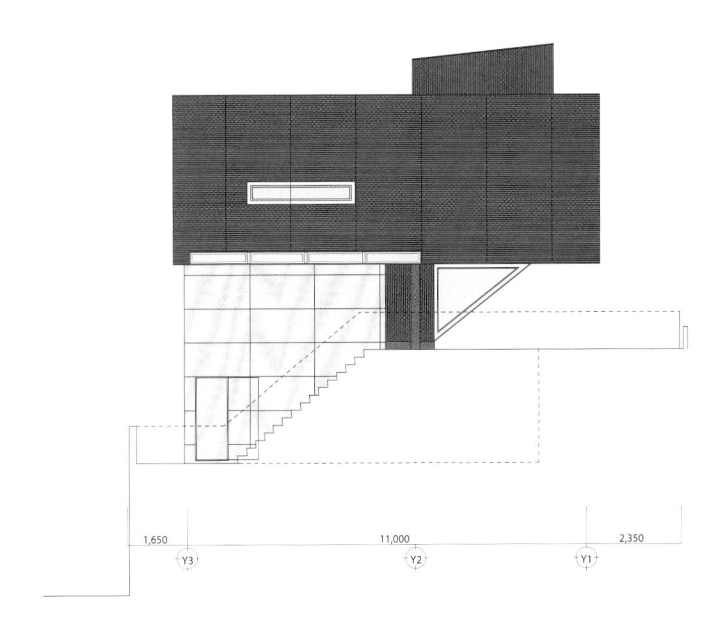

西侧立面图

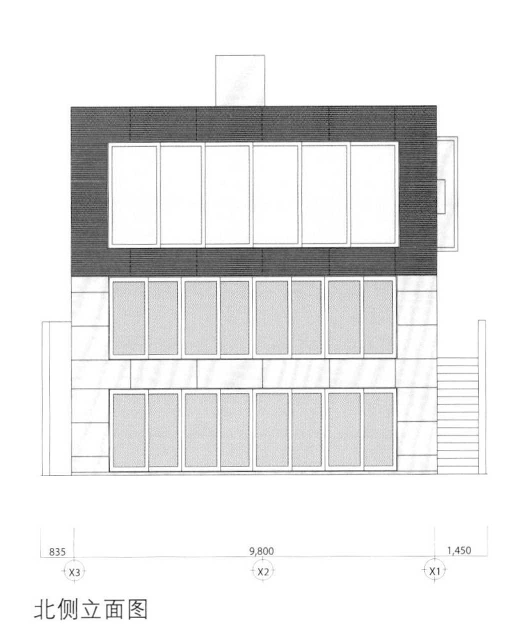

北侧立面图

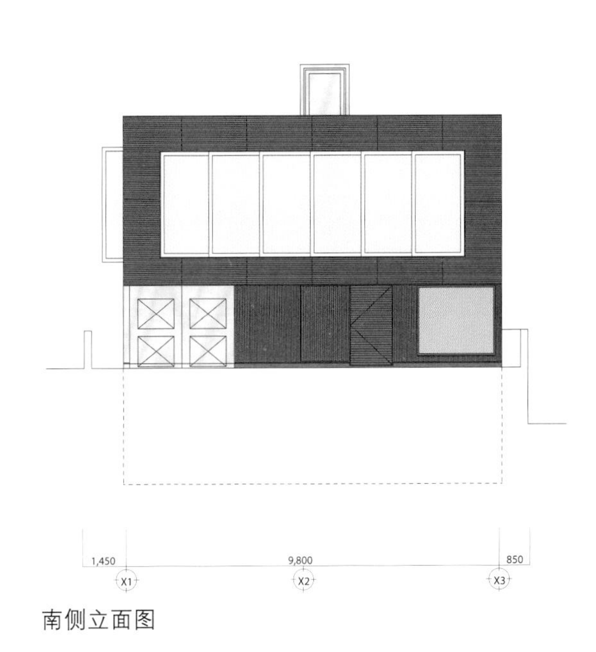

南侧立面图

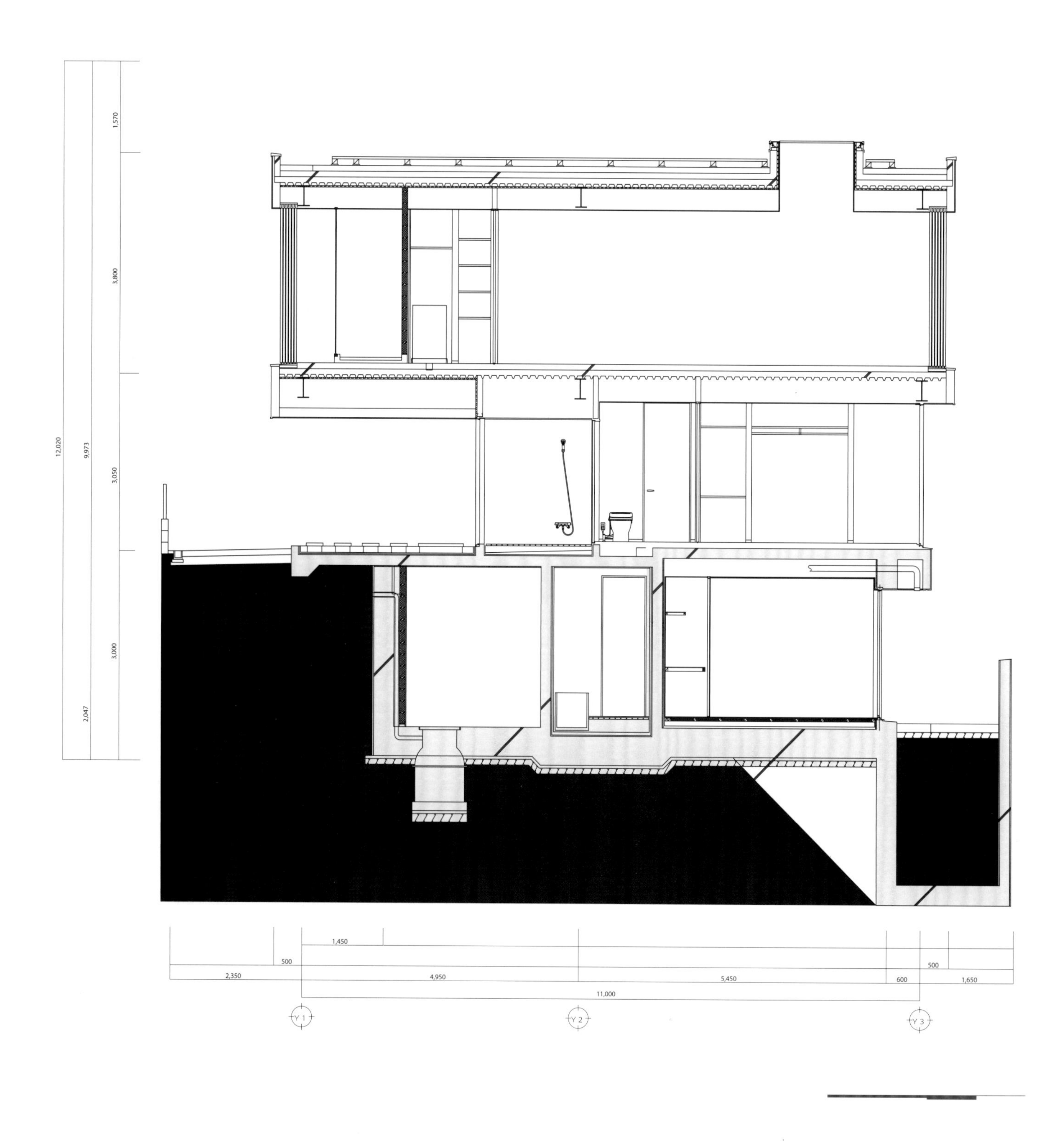

主楼梯井的墙面为黄色，它贯穿室内，从视觉上将房屋的不同楼层连接了起来，同时让阳光向下通往主入口层。

裸露的水泥墙壁和地面、镀锌的金属折叠板、石膏板加密墙、白色层压家具，这都体现了建筑师的简洁理念，也是日本和西方影响融合的结果，最终确定了这个地方的景象和风格。

Ryoichi Kojima - kodikodi architects

三明治住宅

日本，东京

图片：Ayako Mizutani

建筑设计：
Ryoichi Kojima - kodikodi建筑事务所

该设计由设计师良一小岛（Ryoichi Kojima）完成，它是科迪克迪（kodikodi）建筑事务所的创始人。该设计涉及一幢位于东京大田区（Ota-Ku）高密度住宅区的三层建筑，这里是东京所有23个区中人口最密集的区域。设计师所面临的挑战是在如此受限的现场空间中为一对夫妇和他们的孩子设计出一个尽可能宽敞的居住空间，同时满足他们对于亲密感和私密性的需求。

该设计的客户成长于日本的乡村，那里的大多数房子都设有一个后院，这个后院被房屋主体和棚屋夹在中间。这种形式可以通过围墙迅速创造出一个户外空间，同时赋予其高度的私密性。设计师将这一特点应用于该设计项目，并将本可以成为后院的空间（即两座毗邻建筑之间的空间）引入了室内。

为了保证室内的私密性，设计师在两条较长的地界上建造了两道墙壁，从而在房屋的一层形成了一个"后院房间"，这是一个浮动房间。这个区域被当做起居区域，而且它的位置在处于餐厅去往私密卧室区域的通道上。因此，这个浮动房间充当着空间分割的角色，同时还形成了空间变换。房屋结构外表面采用木板铺设，搭配以倾斜的屋顶，制造出一种与花园棚屋类似的美感。

房屋的顶层是一个奢华的盥洗室，这里配有落地式的玻璃幕墙，与室外的木质露台相连。盥洗室的设计可以保证使用期间的绝对私密性，而且在外面的露台上可以越过周边建筑的屋顶享受美丽的景色。

由于墙壁空间受到了标准住宅建设的严格限制，设计师只能从房屋的顶部寻找可以增加的阳光和空气流通系统的方法。于是，设计师创造出一个光井穿透整个房屋的中心，这就使得阳光和空气得以进入室内，同时这个光井还把建筑的不同房间和区域连接了起来。一座悬空的楼梯穿过了这个光井，令房屋看起来变得更宽敞。这一点也同样呼应了客户的需求，即建造一座"明亮、有趣的房屋"。

建筑师面临的挑战是为一对夫妇和他们的孩子设计一所房子，要最大程度地利用现场有限的空间，同时满足房屋主人对于亲密感的的需要。

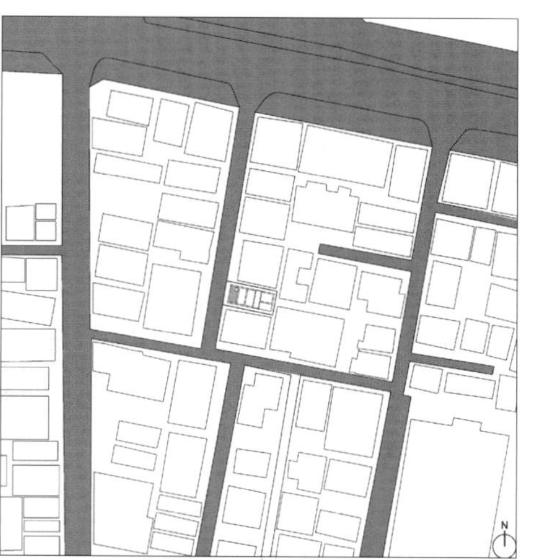

四层平面图

空隙
露台

二层平面图

厨房
餐厅
卧室 2

三层平面图

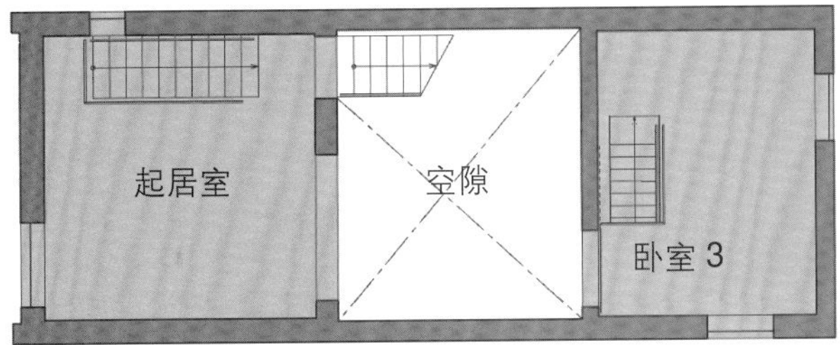

一层平面图

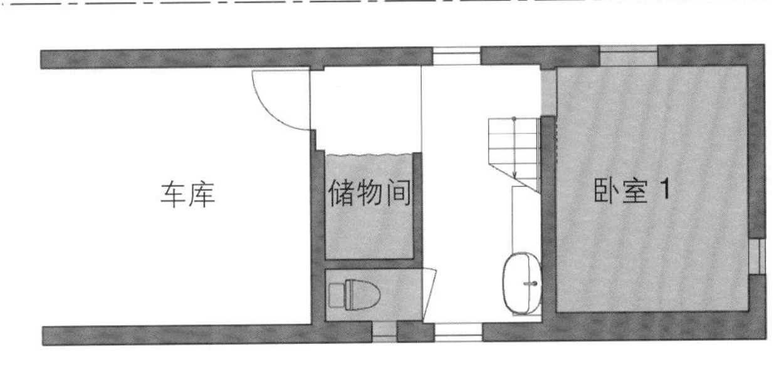

一个浮动的客厅被〝堵塞〞在房屋两座墙壁之间。这个空间让设计的客户回想起他曾经长大的地方——日本乡下的后院屋棚。

立面图

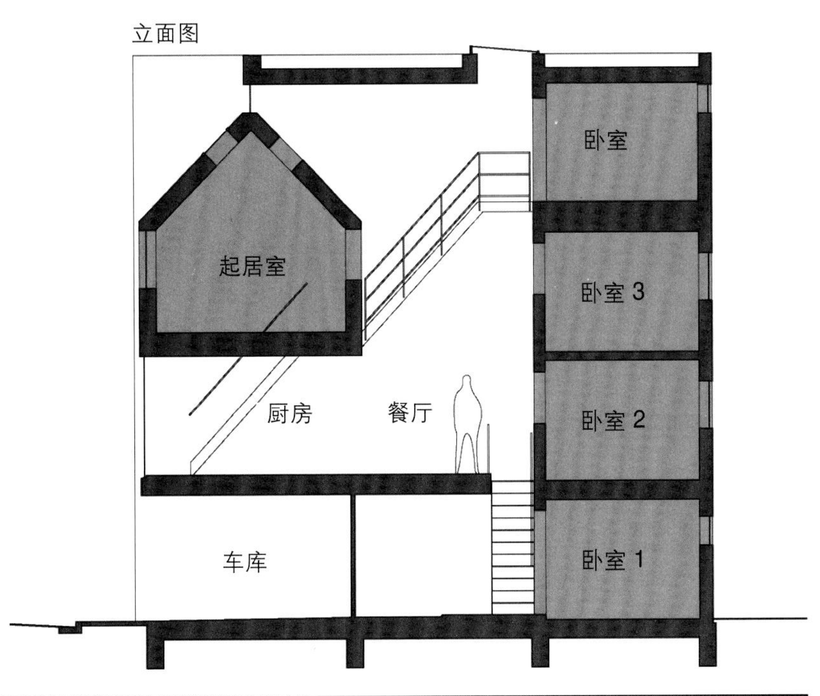

光线和气流通过割穿结构中央的天井进入室内，这使人感觉室内空间变得更大，同时也把吸引人的楼梯吸纳了进来。无论是视觉上，还是实际功能上，整个房屋都是被这座楼梯连接起来的。